人类天下

解密物种起源少年科普丛书 Ⅳ

徐超　王章俊　林琳 / 文
陈文婷 / 图

生命是一部奇书

地质出版社
北京航空航天大学出版社
·北京·

图书在版编目(CIP)数据

人类天下 / 徐超,王章俊,林琳文;陈文婷图
. 一北京：地质出版社,2020.6（2021.6重印）
（解密物种起源少年科普丛书）
ISBN 978-7-116-11673-3

Ⅰ.①人… Ⅱ.①徐…②王…③林…④陈…
Ⅲ.①古生物学–少年读物 Ⅳ.①Q91-49

中国版本图书馆CIP数据核字（2019）第217758号

解密物种起源少年科普丛书·人类天下
JIEMI WUZHONG QIYUAN SHAONIAN KEPU CONGSHU·RENLEI TIANXIA

策划编辑：孙晓敏
责任编辑：孙晓敏　任宏磊
营销编辑：朱军伟　王小宾　杨　娜
责任校对：李　玫

出版发行：地质出版社　北京航空航天大学出版社
（北京市海淀区学院路31号　邮政编码100083）
印刷：永清县晔盛亚胶印有限公司
开本：787mm×1092mm　1/16
印张：8.5　字数：80千字
版次：2020年6月北京第1版
印次：2021年6月河北第2次印刷

购书咨询：010-66554518　010-82316940
（传真：010-66554518）
售后服务：010-66554518
网址：http://www.gph.com.cn
如对本书有建议或意见，敬请致电本社；如本书有
印装问题，本社负责调换。

定价：72.00元
书号：ISBN 978-7-116-11673-3
版权所有　侵权必究

序一

《解密物种起源少年科普丛书》是一套科普精品。这套书讲述的是一则则惊险而有趣的小故事，情节跌宕，绚丽多彩，寓教于乐，是我国科普作品中难得一见的佳品。本书的小主人公亦寒、知奇在爸爸D叔和妈妈伊静的带领下，走进时空的幽幽隧道，领略神秘的史前情景，探索地球的来龙去脉，了解生命诞生以来的点点滴滴……

——用科学讲故事。地球，是茫茫宇宙中的一颗蓝色星球，它是生灵的摇篮，它是人类的家园。那么，我们怎么认识它呢？这套书以《鱼类称霸》作为开篇，提出了一系列有趣的问题：生命之初的"鱼儿"如何从海洋爬到岸上？后来又如何爬向陆地成为"两栖动物"，再进化到"爬行动物"？"哺乳动物"为什么是最高级的动物类群？它们是人类的祖先吗？等等。大自然孕育着生灵万物，生命之树催生了人类世界。本书用娓娓的文字、绮丽的插画，在故事中寻觅线索，在线索中追求本源，勾勒了远古的旖旎风光，还原了远古的文明繁荣。故事情节紧张，跌宕起伏。用科学讲故事，令人遐想，给人启迪！

——用故事润心灵。在距今约5.3亿年的寒武纪时期，地球表面的大部分区域都被水覆盖着，陆地上没有任何生物。湛蓝的海水里，生命的种子却在蠢蠢欲动，酝酿着一个载入史册的大事件。海洋里的无脊椎动物陆续亮相，造成了"寒武纪生命大爆发"。寒武纪时光，惊鸿一瞥。奥陶纪一闪，石破天惊。志留纪短暂，弹唱大变革前奏曲。泥盆纪时代，鱼类称霸。石炭纪到来，爬行动物成王。侏罗纪世界，恐龙独步天下。古近纪、新近纪时期，兽族崛起。第四纪，人类登上世界舞台。我们会发现，任何重大的生命进化，都与地球沧海桑田的变化息息相关。本书图文并茂，用精彩生动的故事，滋润着小读者的心灵。

——用心灵呵护地球。宋代苏轼说："盖将自其变者而观之，则天地曾不能以一瞬；自其不变者而观之，则物与我皆无尽也，而又何羡乎！"每个生命与世界万物都一样，无穷无尽，亿万年来生命之树繁衍，生生不息。从太空到地球，再到生命的探索，一定会影响到人类的世界观、人生观和价值观。天地玄黄，宇宙洪荒，回望地球，我们发现：人类赖以生存的蓝色星球，竟是如此渺小和脆弱，宛如沧海一粟、恒河一沙，小行星撞击地球、超级太阳风暴、地球磁极倒转……每一种新生命类型的出现，都代表了一次重大的历史飞跃。从地球原始生命的出现到人类的繁荣，经历了长达35亿年的时间！漫漫生命史，就是一个不断适应环境、扩大生存空间的过程。在大自然面前，人类万万不可自大，我们有千万个理由保持谦卑。

好的科普作品，可咀嚼，可品味，如甘霖润物，《解密物种起源少年科普丛书》就是这么一部科普佳作。在本套书即将付梓之际，写下几行文字，特向小朋友真情推介。由衷地希望地质出版社再接再厉，辛勤谋划，为祖国的花朵推出更好更多的科普精品。

希冀每个小朋友都喜欢《解密物种起源少年科普丛书》。

国务院参事
原国土资源部总工程师 张洪涛

2019年7月于北京

序二

映入你眼帘的《解密物种起源少年科普丛书》系列少儿读物，是一部难得的原创优秀科普文学作品集。

第一次见到这部作品集时，它还是电子文稿，看到创作团队将深奥生涩的科学知识、生动有趣的故事文字、精心绘制的动漫插图自然地融为一体，甚是惊叹。从那时起，我就被他们独具匠心的策划、别出心裁的创作深深触动。我收到策划编辑寄来的书稿彩样后，应邀为其作序，是一件十分荣幸的事情。

《解密物种起源少年科普丛书》以传播"宇宙生命进化科学"为主要内容，涵盖天文、地球和生命等自然科学知识，意在解密"每一个生命都是一个不朽的传奇，每一传奇背后都有一个精彩的故事"。科学作者由全国首席科学传播专家王章俊先生担任。他热爱读书，知识广博，在宇宙与生命进化科学传播、古生物科学普及等方面造诣颇深。在他的领衔创作下，儿童文学作家、科普作家、知名动漫插画家紧密配合，为孩子们量身定制了一套"用故事融汇科学"的科普文学作品集。

该系列作品共4集，整体以"十二生肖秘钥"为时间线，知识系统连贯，每集独立成册，分别为《鱼类称霸》《四足时代》《龙鸟王国》《人类天下》。用48个惊险有趣的故事，48个生命进化史上知名的关键物种，诸如最原始的鱼、最早的两栖动物、第一个出现的爬行动物、恐龙祖先、第一只鸟等，抒写了惊险刺激的探秘历程，一个个生命传奇的精彩故事，将孩子们带到那遥不可及的地质年代。通过故事，让孩子们感受第一个多细胞动物——海绵的诞生；鱼儿向陆地迈出的一小步，开启了脊椎动物征服陆地的一大步，拉开了陆地动物蓬勃发展的序幕；长羽毛的恐龙飞向蓝天，色彩斑斓的鸟儿称霸了天空；哺乳动物蒸蒸日上，人类的祖先——智人走向全球。

《解密物种起源少年科普丛书》用讲故事的形式传播科学知识，情节生动，人物栩栩如生，古动物知识巧妙地展示于书中，是一部有新意、有价值的作品集。我相信，孩子们读后，不仅能学到科学知识，享受到阅读的乐趣，更能激发他们对科学的热爱和探究的灵感。

当今社会"文学少年"多多，"科学少年"则少之又少。这部作品集主要面向少年儿童及其家庭成员，是一部呼唤"科学少年"之作，是中国家庭必备的科普读物，希望它能够成为传世经典之作，惠及当代，传于后世。

著名出版人 作家
2019年6月于北京

推荐

- 《解密物种起源少年科普丛书》由专家严格把关，集科学、文学、艺术于一体。语言生动，插画精美，内容丰富，故事有趣，读起来轻松愉悦，知识与快乐同享，尤其适于孩子们浏览，更适合父母陪孩子一起阅读。

  中国科学院院士 刘嘉麒

- 这是一部"用故事讲科学"的科普作品集。故事精彩，动漫图画生动，唤起孩子们对未知世界的兴趣和追索，让科学更具魅力。

  中国科学院院士 欧阳自远

- 《解密物种起源少年科普丛书》以主角一家的历险故事为主线，串联了一系列古动物相关知识点，基本科学事实清楚，配图很多，形式生动活泼，适合小读者阅读。

  中国科学院古脊椎动物与古人类研究所研究员 米硕

- 这里有太多的好元素，有科学的元素、文学和艺术的元素、精神和心理的元素，甚至于文化、人格与情感的元素，等等，全都艺术地融入了一个对远古生命充满敬意与渴望、对惊险神奇自然变迁及文明之旅充满想象力的故事世界之中，文本语意深厚而广泛，具有科学人文的开拓意义。

  中国图书评论杂志社社长 总编辑

- 拿到手上的《解密物种起源少年科普丛书》装帧精美，图文并茂，沉甸甸的。这是一套充满神秘色彩的科普文学作品集，为我们生动形象地解读了地球生命的进化历程。

  好书是有趣的、有意义的，科学且循序渐进、循循善诱的，《解密物种起源少年科普丛书》就是这样的一套书！

  国家"万人计划"教学名师 全国优秀教师 北京市德育特级教师 万平

- 任何喜爱科普作品和始终对未知世界保有好奇心的人，都值得去静心读一读这套书。这不仅因为它用微笑的面孔讲述严肃的科学问题，还因为它用鲜活的故事解构科学的方式，在一般人的思考容易停下的地方，向前迈出了一大步。

  《中国教育报》编审 柯进

- 童话式的故事，铺展开一次远古生物的奇幻阅读之旅；又在探险笔记中，展现了丰富的生命进化知识。让少年读者领略生命的精彩和科学的美丽。

  果壳网副总裁 孙承华

- 这是一套科学性与文学性兼备的优秀作品集，把地球科学知识润物细无声地融入有趣好玩的故事中，不知不觉就打开了孩子探索未知世界的好奇心，激发孩子主动探索未知世界的欲望，好奇心一旦点燃，内在潜能就自然地激发出来了。

  知名金牌阅读推广人 第二书房创始人 李岩

- 当下没有哪位家长能够真的是"上知天文，下知地理"！所以对孩子的科学教育更加需要科普书籍。地质出版社出版的《解密物种起源少年科普丛书》，生动有趣，引人入胜。这里有勇敢、善良的一家人，他们邀请我们一起去郊游，一起去探险，一起去揭开生命进化的奥秘！

  科学小达人秀 周建 周洪磊 小米椒

跟D叔一起这样读

坐在小白蛇变的各种飞船里,穿梭在亿万年的时光里,与昆明鱼、梦幻鬼鱼、林蜥、始祖单弓兽、中华龙鸟、小盗龙、森林古猿、露西……来个不期而遇,领略神秘的史前世界,探索地球的来龙去脉,了解生命诞生以来的点点滴滴……

如果你是第一次阅读,D叔建议你这样读:

生肖猪秘钥

第一步:
跟D叔探寻生命进化奥秘,寻找"十二生肖秘钥",守护龙城安危。

在《解密物种起源少年科普丛书·龙鸟王国》中,D叔一家拥有了一把刻有犬标识的"犬钥匙"。
亦寻手里握着犬钥匙,与大家一起在龙城森林公园聚来。回归龙城生活后的一天,上完化学兴趣课的知奇向亦寻展示自己上课时调配的小小望珠珠的药水。在表演过程中,一颗未能变大的想………一趟神奇之旅。

第二步:
请仔细阅读"12个故事",随故事人物深入其中,探索见证生命进化历程,与远古物种相见,揭开物种起源奥秘,成功获得未来生命之树种子,最终保护龙城。

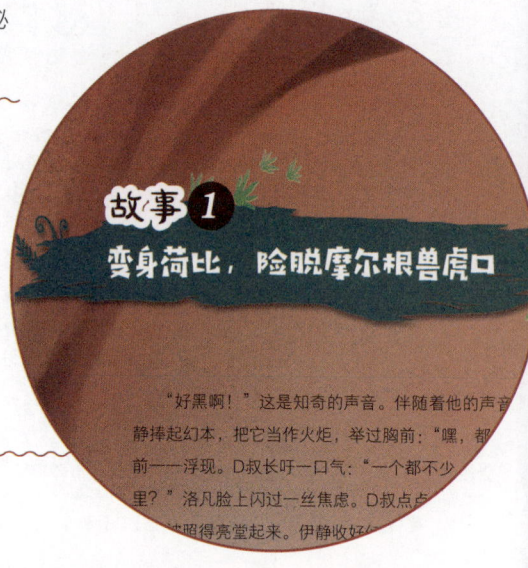

故事 1
变身荷比,险脱摩尔根兽虎口

"好黑啊!"这是知奇的声音。伴随着他的声音静捧起幻本,把它当作火炬,举过胸前:"嘿,都前——浮现。D叔长呼一口气:"一个都不少里?"洛凡脸上闪过一丝焦虑。D叔点点照得亮堂起来。伊静收好

洛凡探索生命日记

摩尔根兽
——最早最原始的哺乳动物

第三步:
请仔细阅读"12篇日记",感受日记撰写的过程、学习古生物知识及小主人公面对当时处境的感受和灵活处理问题的方式方法。在潜移默化中,激发小朋友们的写作兴趣。

D叔漫时光

温馨提示:
涂出创意

第四步:
每读完3个故事,你就会翻到"D叔漫时光"。在这里,D叔希望小朋友让思绪休息一下,拿起你的笔,涂出你的创意颜色。

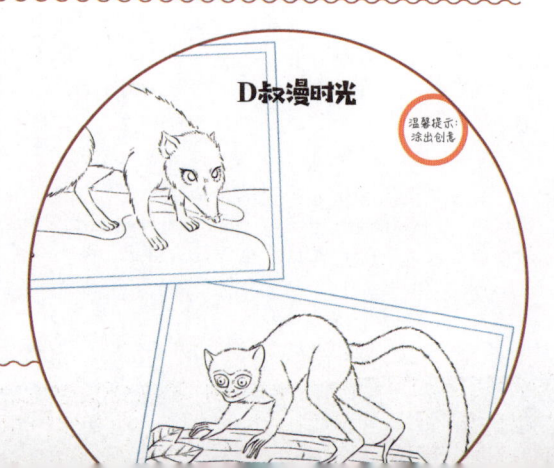

第五步：

每本书都设置了小程序码，只要拿出手机"扫一扫"，你就能听到D叔专门为你讲的故事。

温馨提示：扫码听故事

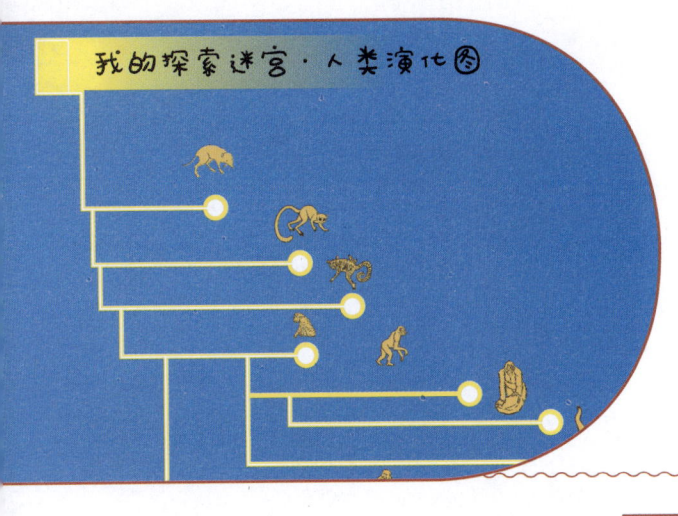

我的探索迷宫·人类演化图

第六步：

到这里，这本书中的12个故事、12篇日记你都读完了。小朋友，你们记住了几个科学小知识和古生物呢？在这里，来答一答吧。

第七步：

小朋友们，读完这套书后，你们能不能说出地球生命是怎么诞生的，又是如何进化的？我们人类又是从哪个阶段产生的？在这张生命进化历程图谱中，你都可以找到答案。

功能导读 生命进化历程图谱

《鱼类称霸》 《四足时代》

寒武 | 奥陶 | 志留 | 泥盆 | 石炭 | 二叠

第八步：

最后记得签上你的名字，这本书可是属于你的哦！

走进锦绣科学小镇
与D叔一家共同见证地球生命的进化
探索远古生命奥秘
守护地球家园
这本《解密物种起源少年科普丛书·人类天下》的小伙伴是

_____

谨以此书献给
共同探险……
守护地球家园的小伙伴……

故事梗概

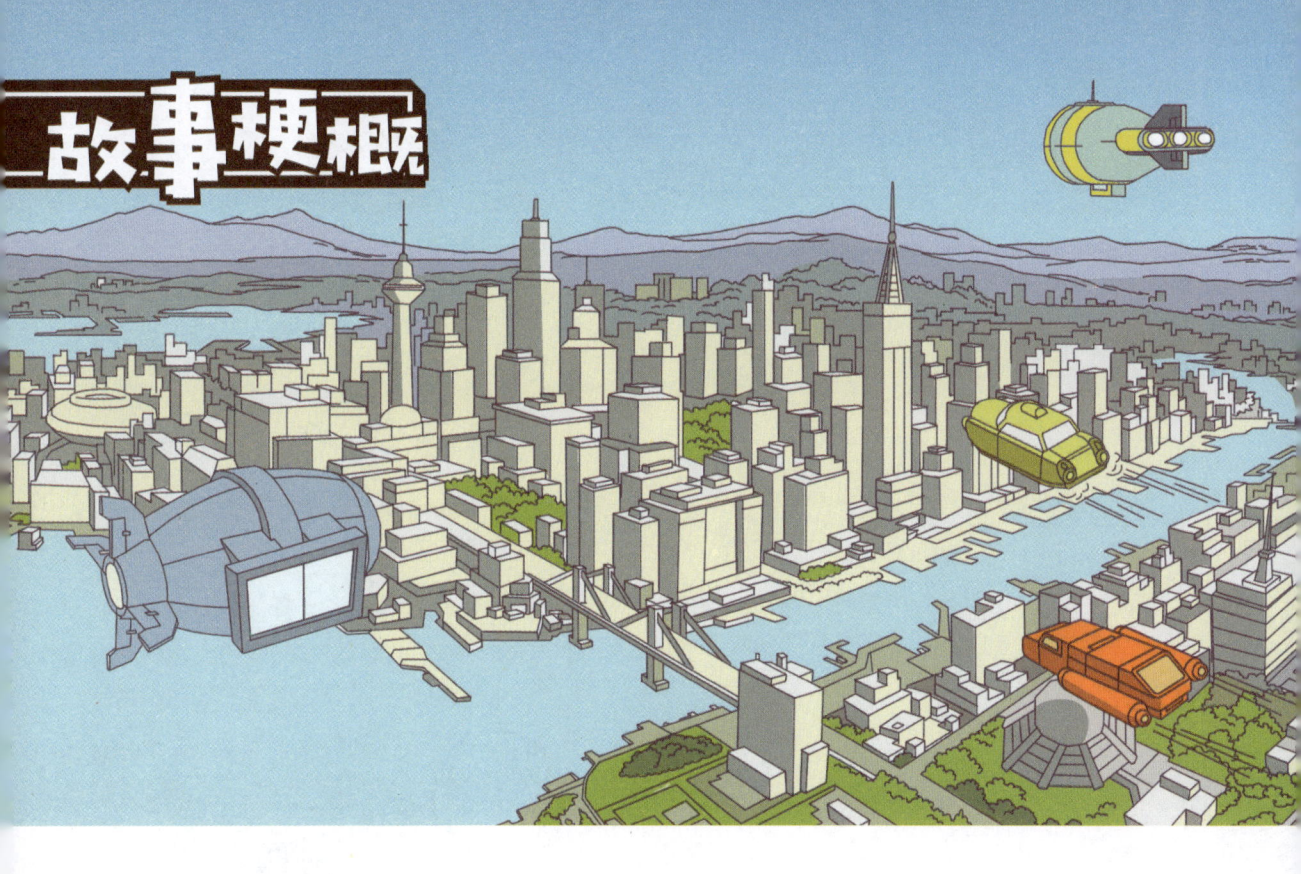

📍 龙城

在中国辽西地区，有一座绽放着科学光芒的神秘小镇。

这座小镇堪称世界古生物化石宝库，地球演化和生命进化的历史都尘封在这座宝库中。在这里，一直流传着："它是世界上第一只鸟儿飞起的地方，也是第一朵花儿绽放的地方。"这就是闻名于世的锦绣科学小镇——"龙城"。

📍 大真探 D 叔

D 叔一家就住在这里。D 叔是中国知名青年地学研究者，他曾在琥珀中发现了生活在近亿年前长毛小恐龙的尾巴，让世界一片惊讶。龙城的人们以 D 叔为自豪，都非常喜爱他、佩服他，所以就送他"大真探"称号。孩子们一见到他，就会围着他问个不停，"D 叔，快告诉我们，是先有鸡还是先有蛋"，"D 叔，我们是从哪里来的呢"，"D 叔，你能不能找到现在还能孵出恐龙的恐龙蛋呢，我想要一只真的恐龙"……"孩子们，请跟我来！"每次，只要有时间，D 叔总喜欢带孩子们去参观他的"小飞龙实验室"，让他们身临其境地感受科学的神秘与乐趣。

生命之树

龙城不大，环境优美，人们的生活一直和谐、安稳。可天有不测风云，这平静舒适的日子竟让D叔一家给打破了。

2052年的一天，D叔一家带着邻居家小宝洛凡一起去郊游。玩得正开心的时候，突然下起了瓢泼大雨。这里离小镇还是有一段距离的，D叔一家只好就近寻找避雨的地方。所幸运气还不错，在附近发现了一个山洞。虽然山洞看起来阴森森的，但总算有个避雨的地方，D叔和妻子伊静赶紧带着孩子们躲进了山洞。这山洞似乎不深，向里面看，黑黢黢的。"孩子们，别乱跑哦，磕碰着就麻烦了。"伊静妈妈的话还没说完，依然在兴致上的孩子们，已

经往山洞深处走去了。"随他们吧，里面应该不会太深，孩子们长大了一点儿，有探险精神了，我们先观察一会儿。"D叔说。随后，俩人找了块儿比较干净的地方坐下，竟不知不觉地睡着了。

"哎哟！"亦寒尖叫了一声，他的脚好像踢到了一块石头，脚趾痛得厉害。"亦寒哥哥，你怎么了？没事吧？"昏暗中，洛凡关切地问。"你们听……"知奇大声说，"听到吱呀声了吗？"亦寒和洛凡正仔细听时，山洞尽头的石壁竟然打开了一扇门，透过来暖暖的光线，孩子们"刺溜"钻了进去。亦寒这一脚厉害，踢出个"新景象"，一棵参天大树矗立在他们眼前……

孩子们马上回去找D叔和妈妈伊静。两个大人被孩子们给吵醒了，只是他们自己也不明白怎么就睡着了呢？听完孩子们的讲述，就跟着孩子们，走过七扭八拐的洞中小道，来到了山洞尽头。一扇石门敞开着，里面是一块非常平整的地。平地中间，长着一棵参天大树，枝繁叶茂，在树冠顶部，露出一小块儿天空。雨水噼里啪啦打在树叶上，轻盈滴答地落在地上。

D叔不愧是"大真探"，机敏老练。只见他先是环顾四周，而后，不由自主地走到树下，一观究竟。只见这棵树上有一个标识，写着"生命之树"。这树上的纹路如地图一般，最让人感觉神奇的是：树上标注了从最初的生命一直到人类出现的历程，整个生命进化各个阶段的全部轨迹，清晰可见。树腰处挂着一面钟，正滴滴答答地响着，时针、分针、秒针即将共同指向12点，日期显示2053年4月22日。这是第N个世界地球日哦。正当D叔百思不得其解的时候，突然，亦寒不知从哪发现了一块小小的绢布，只见绢布上断断续续地写着"12把钥匙、生肖、黑暗隐者、龙城"。一家人你望望我，我望望你，一脸茫然。

龙城怪象

渐渐地，落到地上的雨滴少了。D叔虽然觉得这件事情太过奇怪，但也只能先收好绢布，催促孩子们跟紧自己和伊静，尽快赶回龙城。D叔再次回望，这棵古老的大树宛如神祇一般静静地伫立在那里，仿佛是在听谁轻轻地诉说，又仿佛是在为谁而默默祈祷……

自那天之后，龙城接二连三地发生一些怪事。天气明显变得异常，医院的病人也多了起来。还听到好多大人们都在聊一件怪事，自家孩子晚上睡觉总是做噩梦，不踏实，说什么黑暗隐者、毁灭龙城之类的话。D叔和妻子伊静听在耳里，不安在心里中，龙城发生的这些事情到底跟他们那次山洞奇遇有没有关联呢？

小镇上开始人心惶惶……

生肖猪秘钥

在《解密物种起源少年科普丛书·龙鸟王国》中，D叔一家拥有了一把刻有犬标识的"犬钥匙"。

亦寒手握犬钥匙，与大家一起在龙城森林公园醒来。回归龙城生活之后的一天，上完化学兴趣课的知奇向亦寒展示自己上课时调配的可以放大和缩小塑料珠的药水。在表演过程中，一颗未能变大的塑料珠带领大家踏上了最后一段神奇之旅。

D叔一行在漆黑的山洞中醒来，他们发现自己都被缩小了。亦寒埋怨是知奇的破药水作祟。缩小的众人被摩尔根兽当作猎物，他们经历了洛凡的失而复"还"，破解了黑暗隐者的阴谋，结识了"疯狂原始人"朋友，命名了远古的植物。这一路，D叔一行与黑暗隐者的博弈从远古持续到了龙城。生肖猪秘钥现身，谁胜券在握，集齐了"十二生肖秘钥"呢？

《解密物种起源少年科普丛书·人类天下》，精彩内容马上开始。

十二生肖秘钥

蕴含着神奇力量的十二生肖秘钥，是黑暗隐者极力搜寻的对象，他企图集齐它们，重启生命进化的历程。七把重要的秘钥，落入了黑暗隐者的手中，他对散落在各时空中的余下的五把秘钥——鼠秘钥、牛秘钥、蛇秘钥、犬秘钥、猪秘钥，势在必得。而对生命怀有敬畏之心的D叔一行，在惊险重重的时空穿梭旅程中，成了这五把关键秘钥的发掘者。

身在D叔阵营，心还留有一半在黑暗隐者那儿的亦寒，在正义和邪恶、坚定与迷失对决的关键时刻，选择了哪方？是占有数量优势的黑暗隐者得偿所愿，集齐十二把秘钥，还是经历困难洗礼、团结有爱的D叔大家庭成为十二把秘钥最后的守护者？

答案由你们亲自寻找……

抢先看

目 录

我的探索旅程
知奇实验，塑料珠变时空囊 ················· 1

故事 1　变身荷比，险脱摩尔根兽虎口 ················· 5
　　　　洛凡探索生命日记：摩尔根兽——最早最原始的哺乳动物

故事 2　化解危机，粉碎阿喀琉斯之踵 ················· 13
　　　　洛凡探索生命日记：阿喀琉斯基猴——最早的灵长类

故事 3　盛宴分享，知奇命名知奇果 ················· 21
　　　　洛凡探索生命日记：森林古猿——最早的类人猿
　　　　D 叔漫时光 / D 书墨香

故事 4　洛凡被抢，D 叔一行陷恐慌 ················· 31
　　　　洛凡探索生命日记：乍得人猿——最早直立行走的类人猿

故事 5　芯片反转，亦寒助力追洛凡 ················· 38
　　　　洛凡探索生命日记：卡达巴地猿——黑猩猩的"亲兄弟"

故事 6　伙伴阿迪，重现疯狂原始人 ························· 46
洛凡探索生命日记：地猿始祖种：阿迪——"人类的曾祖母"
D 叔漫时光 / D 书墨香

故事 7　巧遇露西，无私传输时空能量 ························· 55
洛凡探索生命日记：南方古猿阿法种：露西——"人类祖母"

故事 8　兄弟携手，远古时代做师者 ····························· 65
洛凡探索生命日记：能人——史前出现的第一个人

故事 9　钻木取火，知奇竟作燧人氏 ····························· 73
洛凡探索生命日记：早期的直立人：匠人——第一次走出非洲的人类
D 叔漫时光 / D 书墨香

故事 10　黑影终现，匪夷所思目的亦显 ························· 81
洛凡探索生命日记：晚期的直立人：海德堡人——第二次走出非洲的人类

故事 11　误入葬礼，众人领会人类告别 ························· 89
洛凡探索生命日记：早期智人：尼安德特人——智人的"堂兄弟"

故事 12　钥匙图腾，旅程终点亦是起点 ························· 94
洛凡探索生命日记：晚期智人：现代人的直接祖先——第三次走出非洲的人类
D 叔漫时光 / D 书墨香

我的探索迷宫 ··· 107
后记 ··· 109
功能导读　生命进化历程图谱 ··································· 110
小镇见闻 ··· 112
生命之树 ··· 114

知奇实验，塑料珠变时空囊

"兔匪匪，坚持住！"洛凡小心翼翼地托着兔匪匪，害怕碰到它的伤口。亦寒手握着犬秘钥，与大家一起站在了龙城宠物医院的门外。伊静护着洛凡，小跑着进入了医院。"洛凡，别担心。医生都说了是皮外伤，止血包扎就可以了。"知奇安慰着洛凡。龙鸟王国探险归来，D咕教授略显疲态，坐在了医院长椅上。伊静让D叔送D咕教授回家，等兔匪匪包扎完毕，她再带孩子们回家。

日月穿梭，不变的是知奇每晚睡前都要问亦寒是如何知晓四根神羽能召唤出犬秘钥。亦寒不能告诉他，这是黑暗隐者通过芯片传递的线索。每次，亦寒都以"赶快睡觉吧"搪塞知奇的疑问。"好吧，哥哥，我知道那是个神奇的秘密！"没有得到答案的知奇日复一日地期待着第二天就能与哥哥分享这个秘密。

这一夜，同样的对白又在兄弟两人间上演。"赶快睡觉吧！"亦寒边说边收起自己的两把秘钥，"明天你还要上化学兴趣课呢。""哦，对。老师说明天教给我们一个神奇的魔法。我和洛凡一定好好学。"知奇终于平躺下来，"哥哥，四根神羽召唤犬秘钥也许就是一个魔法。"亦寒对知奇微微一笑，示意晚安。知奇进入了梦乡，窗外的月亮朦胧又清晰，只有亦寒和星星还在眨着眼睛。"啊，我的亦寒宝贝！"星星突然变成了黑暗隐者的眼睛，"你终于拿到了犬秘钥，我们的伟大目标快要实现了。明天告诉你地址，你抓紧把所有秘钥寄给我！""E博士爸爸，鼠秘钥、蛇秘钥不在我这儿……"亦寒面露难色。"那就努力拿回它们。它们本来就属于我们。"黑暗隐者瞬间严肃，话语里透着怒气。

　　亦寒无精打采地度过了一天，回到家时，碰到了爷爷，也没有打招呼，径直走入房间。伊静思索片刻，跟D叔说道："D叔，还是去和亦寒谈一谈吧。"D咕教授也赶紧点点头："小家伙今天情绪明显不高。他还是没有说四根神羽如何召唤出犬秘钥吧？"D叔撇撇嘴，放下手中的水杯，"没有。如果这是秘密，小亦寒自己会很辛苦。但我和伊静也不想让他觉得爸爸妈妈在逼迫他。"说完，D叔轻轻敲了敲房间的门。亦寒刚刚开门，知奇和洛凡像两只炽热的火球般，从院门外飞进了客厅。"爷爷你也在，太好了！"知奇扔下书包，握着拳的小手举得高高的，"爸爸，妈妈，哥哥，快出来。我学会了超级魔法。""什么嘛？"走出房间门的亦寒慢悠悠地问。"当当当，是神奇药水和胶囊！"洛凡从书包里拿出棕色的小瓶，踮着脚也把它举得和知奇小手一样高。"好了，别卖关子了。"伊静妈妈整理出了桌子，示意两个小家伙来表演他们的魔法。

　　知奇翻出玻璃碗，把他握紧的一颗颗塑料胶囊平铺在碗底。"各位，见证奇迹的时候要到喽。待会儿倒入药水，这些胶囊就会长大。"知奇略带骄傲地说，"是我和洛凡

在课堂上自己调配的哦。""噢！这是很简单的实验呢。吸水膨胀而已！"亦寒耸耸肩。"不仅如此，哥哥。"知奇扬起嘴角，"我还可以让变大的胶囊缩小呢！耳听为虚，眼见为实。开始啦！"洛凡把打开盖子的瓶子递给知奇，他兴奋地翻转过瓶子，神奇的药水咕咚咚一股脑儿倒入碗里。不一会儿，塑料胶囊像喝饱了水一样开始膨胀，但不知道是胶囊太多还是药水太多，膨胀的胶囊像刚出炉的爆米花从碗口漫了出来。"哎呀，知奇，快缩小！"洛凡边拾塑料胶囊边喊道。而一颗晶莹透亮未能变大的塑料胶囊像迈着舞步般，滚动到伊静的幻本旁。"看，那颗没有变大呢……"眼尖的亦寒发现了这颗未变大的胶囊。但在它与幻本轻轻触碰的刹那，幻本放射出了耀眼的光芒，胶囊也折射出了七彩光晕，D叔一行由此踏上了新的旅程……

4

故事 1
变身荷比，险脱摩尔根兽虎口

"好黑啊！"这是知奇的声音。伴随着他的声音，幻本屏幕闪烁着微弱的蓝光，伊静捧起幻本，把它当作火炬，举过胸前："嘿，都还好吗？"大家的脸在蓝色的"火炬"前一一浮现。D叔长吁一口气："一个都不少，挺好！""叔叔，我们现在是不是在山洞里？"洛凡脸上闪过一丝焦虑。D叔点点头，从背包里拿出头灯，每个人都戴上，洞内瞬间被照得亮堂起来。伊静收好幻本，也和D叔一同打量起周围。"咳！咳！"D咕教授被洞内灰尘呛得咳嗽两声，"我看啊，这不是山洞。更准确地说，是土洞。"

亦寒站起来，递给知奇那颗未曾膨胀的塑料胶囊："喏。收好你的神奇魔法。我们被困在这土洞，可都是拜它所赐！"知奇撇着嘴，接过胶囊放进口袋里。D叔微笑着说："我们大家跟紧，一起找到洞口，不会一直困在这里的。"

洞底并没有崎岖不平，反而是松软平坦的，偶尔还有腐烂的树叶。"呜……"洞内传出呜呜的声音，由远及近，由弱到强。突然，整个土洞开始颤抖，D叔一家赶紧靠着洞壁。"火车还是地铁啊？"贴着洞壁的知奇问，亦寒侧脸望着声音传来的地方，回答："都没有灯光，肯定不是火车也不是地铁。""来了。"洛凡惊呼。一个又胖又长，没有眼睛也没有鼻子，身上刻着一圈一圈条纹的庞然大物，像火车一样驶过。

"嗯，真臭！"洛凡皱着眉头。几个大人等着这个庞然大物驶过，也都惊呆了。"爸爸，这就是一只大蚯蚓吧！"亦寒回过神来，有点疑惑地说。

"别开玩笑了，怎么可能有比我们还大的蚯蚓？"知奇反驳道。

"D叔，我们还是赶快走出这个土洞吧！"伊静想到一大家子的安全，心又揪起来。D叔仔细观察了洞底，思考了片刻，示意大家掉头行进。D咕教授点点头："是的，我们得往高处走。"知奇兴奋地说："那我们加快速度，说不定还能追上那只胖蚯蚓。""你不是说那不是蚯蚓吗？"亦寒撇撇嘴。"哥哥们，别争了。追上我们再瞧一瞧！"洛凡说完就小跑跟了上去。

"在那！"D叔一行一路小跑，真的追上了胖家伙。"嗖"的一下，胖家伙像被洞外的什么东西吸走了一样，不见了。一道日光斜射进来，刺痛了大家的眼睛。转眼间，这透着光的洞口又被一个大鼻子、尖尖嘴、嘴边还有两撮小胡子的不明动物堵住了。

"啊！我怕，是超级大老鼠。"洛凡吓坏了，躲进伊静怀里。这尖尖嘴吃完胖家伙后，又伸出舌头在洞内打探一番，没有收获后就撤走了。D叔攀到洞口旁，向外张望，不由自主地喊道："天哪！""怎么了？爸爸，让我看看，我看看！"知奇跳起来，抑制不住好奇的心。D叔有些狐疑地对D咕教授说："那不是老鼠，那是摩尔根兽啊！只是为什么也那么大？"D咕教授长叹一口气："或许，是我们变小了呢！"

一语惊醒梦中人！当D叔一行攀出洞口，看着身边的一切景物，就明白他们不是来到了巨人国，而是自己变小了。大家不约而同地都看向了知奇，知奇低着头从口袋里拿

出未变大的塑料胶囊，红着脸，垂下了泪。D叔赶紧上前，安慰他："知奇，没关系。收好这颗神奇胶囊，它让我们换个视角看世界。"伊静摸着知奇的头："我们会再'长大'的，一切都会好的！""是啊，知奇哥哥，等我们回龙城了，就会'长大'了。"洛凡很有信心地回答。"爸爸！"亦寒不会主动安慰人，就用他自己的方式，转移知奇的内疚，"摩尔根兽是什么？它会不会回来吃掉我们？"

"亦寒问得好。"D叔说，"我们看到摩尔根兽，就知道我们来到了2.05亿年前。""叔叔，新的旅程，我来记录吧！"经过两次探险之旅，洛凡成长了许多，毛遂自荐进行生命日记的记录。"好样的，洛凡！"D叔由衷地感到欣慰，"那D叔就开讲啦！"洛凡接过伊静递过的奇笔，认真记录起来。

故事 ❶ 变身荷比，险脱摩尔根兽虎口

8

洛凡探索生命日记

故事 ❶ 变身荷比，险脱摩尔根兽虎口

摩尔根兽
——最早最原始的哺乳动物

我和知奇在化学兴趣课上学到了神奇的放大缩小术，但我们谁也没有想到实验中未变形的胶囊会把我们带到一个大大的土洞，更没有想到的是，其实不是洞很大，而是我们所有的人都变小了。这个洞应该是蚯蚓的家，但可怜的蚯蚓被一只"大老鼠"吃到肚子里了。刚刚我真的是被吓坏了，因为我真的害怕这只"大老鼠"也会把变小的我们吞到肚子里。D叔说这只"大老鼠"是摩尔根兽，看到它就知道我们又开启了神秘探险之旅，这次旅程的起点是2.05亿年前。下面，我正式开始写今天的探索生命日记了。

　　D叔说，摩尔根兽是最早的、最原始的哺乳动物，发现于2.05亿年前的北美洲，形似啮齿类动物，体型娇小，犹如小型的老鼠。体重不足10克，尖嘴巴、圆眼睛、小耳朵、小脑袋，长有胡须和5个脚趾，尾巴细长，已经有了小的门齿、尖锐的犬齿，以及带尖的臼齿，体温恒定，听觉嗅觉灵敏，常常晚上出来捕食，以昆虫、蚯蚓为食，发育乳腺，属卵生哺乳类动物。犹如现生的

鸭嘴兽，是最原始的哺乳动物的典型代表。随后以及现在所有的哺乳动物，都是由摩尔根兽进化而来的，也就是说，它们都是摩尔根兽的后裔。

D叔还跟我们说，哺乳动物具有发达的肺功能；心脏具有2个心房，2个心室，属4缸型心脏，动脉血与静脉血分离，属完全双循环，是恒温动物；具有发达的听觉系统，中耳即听小骨，由3块小的骨头组成，有明显的外耳郭，能够感知声音的方位和远近；胎盘哺乳，所以叫哺乳动物。

哺乳动物是脊椎动物进化史上的第七次巨大飞跃，体温恒定，胎盘哺乳。

D叔最后还说，虽然摩尔根兽已经是哺乳动物，但它还保留了一些爬行动物的特点，比如摩尔根兽的听小骨发育并不完善。所以我们还是轻易地就逃出了它的视线。

"我们变小了，原没有威胁的小动物，都可能会对我们造成很大的伤害。今天已经够惊心动魄的了，我们需要找地方隐蔽和休息。"D叔说。

今天的日记就写到这里了，请小朋友们继续跟随我们一起来探秘旅行吧。

身体变小也有变小的好处，D叔一行在一棵大树的缝隙内隐藏下来。伊静和孩子们拾了一些干净的树叶，松软又保暖。"啊，我们都成了'拇指姑娘'。"知奇边盖树叶边说道。形象的比喻，让大家都享受此刻童话般的经历。夜幕降临，小巧的D叔一家在树脚下沉沉睡去，只有知奇口袋里的胶囊在黑夜里像萤火虫般闪烁。嘘，它正释放着神奇的力量！

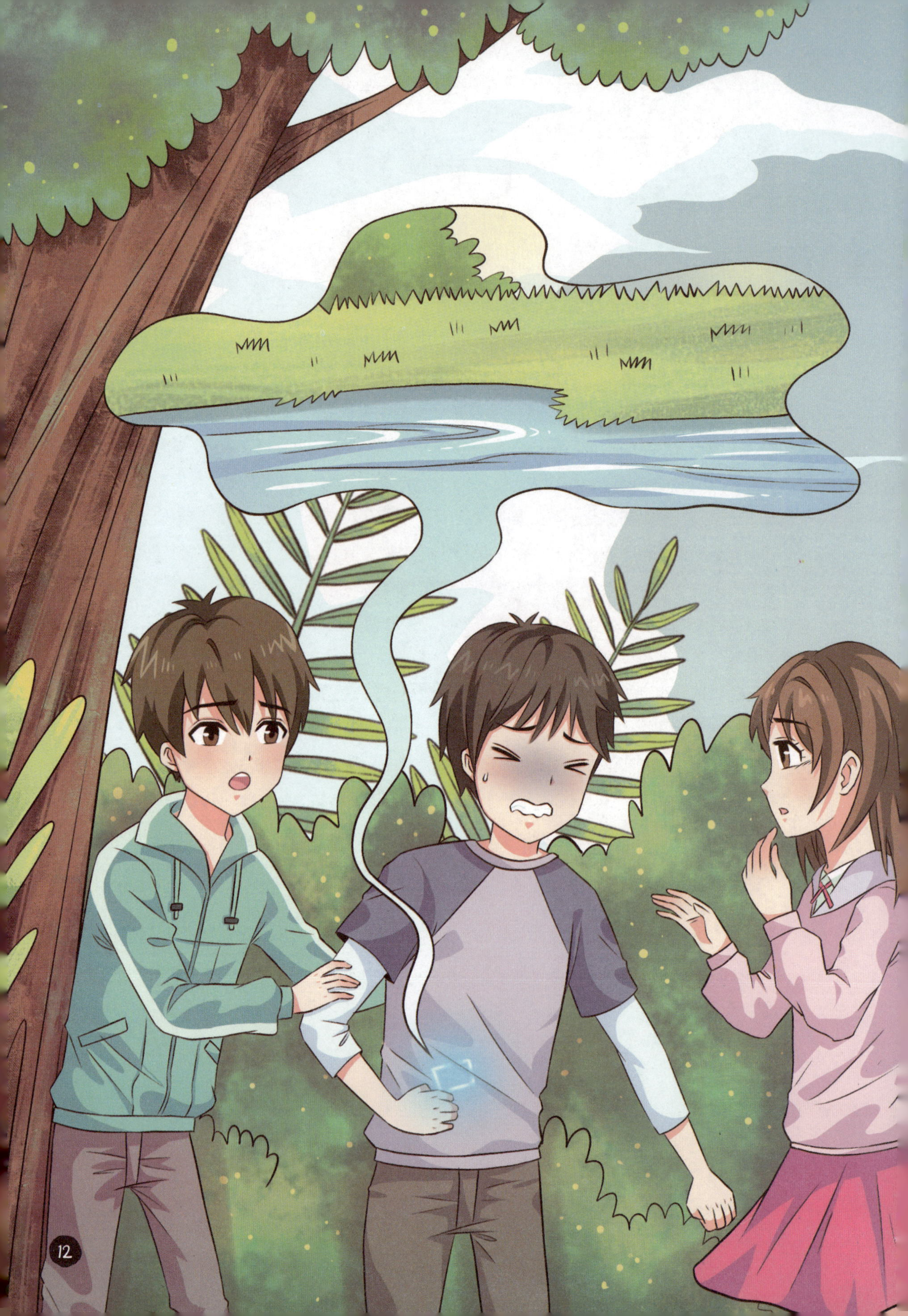

故事 2
化解危机，粉碎阿喀琉斯之踵

"好热啊！"知奇嚷嚷着醒来，他发现昨夜还能盖到小腿的树叶，现在只能搭着自己的肚子。他一伸手把树叶从身上拽下来。"咦？"洛凡也站起来，"我们现在在哪，怎么是空荡荡的地方啊？"大树、土洞、摩尔根兽都不见了，他们能感受到的就是潮湿和炎热。D叔和D咕教授醒来后就去附近打探地形。伊静守着孩子们醒来，"大家快换下衣服。爸爸和爷爷打探去了，现在我们在什么地方还不确定。但有一点确定的是，我们所有人都在'长大'。"亦寒捏着昨天的树叶，向妈妈挥挥手。"是的，亦寒，是我们在恢复。树叶还和昨天一样。"伊静回答。

亦寒还没有来得及回应妈妈，体内芯片传来一阵刺痛，"我的宝贝儿子！这是我们的决胜之旅。你只要记住，千万别喝野外的水，E博士爸爸为了消灭阿喀琉斯基猴，中断人类进化，不得不这样做。""哥哥。""亦寒哥哥。""亦寒。"，知奇、洛凡和伊静都围在亦寒身边。看着豆大的汗珠不停地从他额头滴落，神情一直呆滞，大家都焦急万分。"哦！"回过神的亦寒又增添几分心事。"哥哥，我以为你中暑了！"知奇长叹一口气，"爸爸和爷爷怎么还不回来？"

说曹操，曹操到。D叔和D咕教授气喘吁吁地赶了回来，伊静赶紧拿出水给他们解渴。D咕教授席地而作，看样子累坏了。D叔喝口水后，说道："气候比较炎热，大家要保重身体。小鬼们，我们都从二叠纪潟湖边奔跑过，这一点炎热不会难倒我们，对不对？"知奇和洛凡肯定地点点头，亦寒还在揣测黑暗隐者从芯片传递的信息含义。

D叔继续说："我和爷爷发现前面一个很大的湖泊。我们去湖旁的林子避避暑，再理一理探险思路。"伊静收拾好背包，点点头："我们带的水也不够，在湖边就不怕了。"亦寒听到妈妈的话语，心里"咯噔"一下，他默念着绝对不能喝湖里的水。

虽然湖泊离的不远，但D叔一行被缩小，走起来还是相当费力。知奇把胶囊拿出来，发现胶囊明显空了些许，他大喊："爸爸，看哪，胶囊里有什么漏出来了吗？"D叔接过胶囊，D咕教授也上前，但一时半会儿也没看出什么，只是感觉重量的确轻了一些。"知奇，爸爸暂时帮你保管这颗胶囊。等我们落脚后，爸爸再仔细研究。"说完D叔把胶囊小心地放入上衣胸前的口袋。一番跋涉后，凉爽的风掠过湖面吹来，乌云在湖面上空集结，偶有闪电像利剑刺破翻腾的乌云。"云青青兮欲雨，水澹澹兮生烟。"D咕教授拄着马头拐，很享受这风雨欲来前的畅快。"爷爷，你真有兴致，还能吟诗。"知奇的这句话可不是打趣D咕教授，语气里充满了佩服。"要下雨了，我们得加快脚步，进树林里。"D叔带头小跑起来。

故事 ❷ 化解危机，粉碎阿喀琉斯之踵

亦寒的小白蛇变形为透明屋，扎根在树林里，任屋外狂风抑或暴雨，D叔一行得以整理休憩。轰隆隆的雷声响起，"哗啦啦"的大雨倾盆而下。D叔拿出胶囊，D咕教授帮忙从背包里拿出放大镜，父子两人仔细地研究起来，知奇也凑过来想一探究竟。洛凡抱着兔匪匪，伊静摸着兔匪匪的头："等雨停了，兔匪匪你要帮忙，跟我去收集雨水。看它们是否能饮用。"只有亦寒仰望着屋顶落下的大雨，兀自发呆。忽然，他发现这雨水呈现出蹊跷的粉红色。

　　D叔放下胶囊，清了清嗓子，说："我有一个大胆的猜想。这颗胶囊蕴藏着神奇的力量，它在缓慢释放这种力量。""是什么力量呢？"知奇第一个发问。"让我们恢复，'长大'的力量。"D叔笑着说，"它昨夜肯定释放了不少力量，今天的我们才明显'长大'了一点儿。知奇，这颗胶囊，爸爸替你沿路保管，我要监测它的状态。""没问题，爸爸，我能理解，它是您的新研究对象。"知奇很大方地回答。

　　"雨停了！"伊静说，"我和洛凡要带兔匪匪一起出去收集一些水。"话音刚落，亦寒第一个冲出了小屋。地面的水时而闪着粉红色的光泽，时而又变回透明。所有人都观察到了这异样的情况，连兔匪匪都不沾一滴水。"不好！有毒！"D叔和伊静异口同

故事 ❷ 化解危机，粉碎阿喀琉斯之踵

声地说。"唔，唔"，身后树上传来动物痛苦的呻吟。D叔一行刚转身，"啪，啪"两只动物从树上掉下来。D咕教授顾不得自己腿脚不便，赶忙上前："是阿喀琉斯基猴！"D叔和亦寒都吓了一大跳。D叔连忙与D咕教授捧起受伤的阿喀琉斯基猴，知奇和洛凡手足无措地跟在后面。亦寒忽然明白了，明白这有毒的雨，这受伤濒临死亡的阿喀琉斯基猴们，都是黑暗隐者的"杰作"。

　　D叔和D咕教授经过紧张的救治，只挽回了一只小猴的性命。另一只伤势较重，痛苦地闭上了眼睛。亦寒心里像被压了千斤大石，他想不通E博士爸爸为什么要这么残忍。D叔从背包里拿出更多的药丸，他让大家帮忙一起把药丸碾成粉末后，告诉亦寒："亦寒，事不宜迟。让小白蛇变成喷洒飞机，把这些药粉喷向森林。能救多少，救多少。"

　　喷洒完解药，D叔和D咕教授都如释重负，却仍心有余悸。"爸爸，小眼镜猴这么可爱，为什么会下有毒的雨杀害它们？"知奇努力平复心情问。"小知奇，爸爸不知道这奇怪的毒雨从何而来。但它们不是小眼镜猴，它们是我们人类进化史上很重要的一环——阿喀琉斯基猴。幸运的是，这场毒雨没能成为它们的阿喀琉斯之踵。"

17

阿喀琉斯基猴
——最早的灵长类

我很喜欢粉红色,但今天粉红色的雨一点儿都不招人喜欢。这场有毒的雨,害死了一些可爱的小动物,更可怕的是我们也差点取这雨水做饮用水。D叔说了很多个阿喀琉斯,我也不知道阿喀琉斯是什么。我只知道,D叔和D咕教授努力地解了雨水的毒,没有让更多的动物受伤害。下面,我正式开始写今天的探索生命日记了。

"在跟你们讲解阿喀琉斯基猴之前,要讲一个神话故事。"D叔刚说完。知奇忍不住拍手叫起好来。"在希腊神话里,不朽女神忒提斯与凡人珀琉斯生有一子,就是阿喀琉斯,他是半神英雄。他的母亲为了让儿子与自己一样不朽,炼成'金刚之躯',在他一出生后,母亲就用手提着他的脚后跟,将其浸入冥河。可惜的是,被母亲捏住的脚后跟却不慎露在水外,留下了唯一薄弱之处。后来,在一场战役中,阿喀琉斯被帕里斯一箭射中了脚踝而死去。后人常以'阿喀琉斯之踵'比喻,即使再强大的英雄,也有致命的软肋。"

"可是这与阿喀琉斯基猴有什么关系呢?"亦寒问道。

D叔微笑着点点头，继续说道："阿喀琉斯基猴的演化地位相当独特——在它出现时，类人猿和眼镜猴刚刚分家，它身上还保留了一些早期类人猿的特征。你们近距离观察了它，有没有发现它的脚后跟不同寻常。一般而言，眼镜猴的脚后跟很长，非常适合在树林间跳跃生活。相比之下，我们人类和类人猿，脚后跟则较宽，更适合行走或奔跑。阿喀琉斯基猴头骨、牙齿和四肢骨的很多特征都与眼镜猴类似，偏偏它的脚骨比例与类人猿接近。这个不适合跳跃的特征对于一只要在树上栖息生活的猴来说，是名副其实的'阿喀琉斯之踵'了。它的化石在2003年发现于中国湖北荆州地区，由中国科学院古脊椎动物与古人类研究所倪喜军教授和他的团队经过10年的潜心研究并命名的，这个研究成果被评为2013年古生物十大重要科学成果之一。"

我能从D叔讲解阿喀琉斯基猴发现和命名的故事里，感受到D叔的骄傲和自豪。"我们现在变小了，所以觉得它们还比较大。其实阿喀琉斯基猴非常小，身长约7厘米，体重不超过30克，生活于5500万年前。"D叔说。"这么小，那它吃什么呀？"知奇问道。D叔回答："嗯，阿喀琉斯基猴犬齿很大，前臼齿相当尖锐，所以科学家们推断它应该是以食虫为主。这次它们都受伤了，我们也没有亲眼看到它们捕食，有点儿可惜。但你们也看到它们拥有修长的四肢和大大的眼窝，嘴偏短，这些特征和原始的食虫哺乳动物不同，它的嗅觉不发达，但拥有相当不错的视力。孩子们，阿喀琉斯基猴很可能是我们人类和各种猿猴的共同祖先，所以这一次真的是非常惊险。"

D叔讲完，就陷入了沉思。

今天的日记就写到这里了，请小朋友们继续跟随我们一起来探秘旅行吧。

为了安全起见，偌大的湖面、丰沛的雨水，伊静放弃了用这些水来补充饮用水。她有些担心后续的旅程，D叔安慰道，困难会慢慢克服的，正如今天及时解救森林里的动物一样。等大家都睡了，D叔拿出胶囊，看到它正闪烁着光芒，D叔闭上眼静静感受这释放的力量。而夜幕下亦寒却忍受着黑暗隐者气急败坏的咆哮："你的D爸爸总是跟我作对，破坏我的计划。亦寒，请打起十二分精神，为我夺得生肖猪秘钥。我一定要集齐秘钥，重启进化历程！"

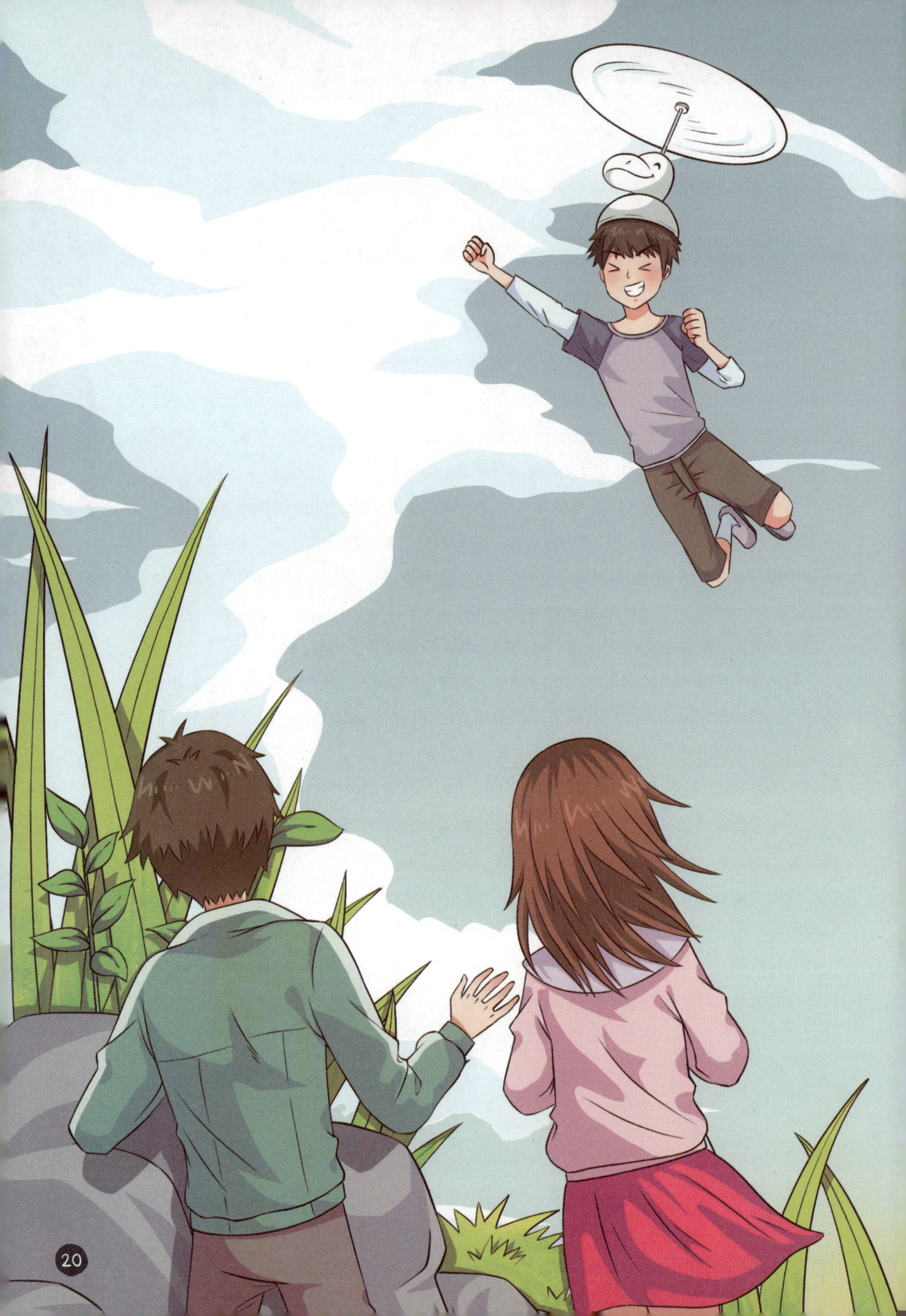

故事 3
盛宴分享，知奇命名知奇果

太阳缓缓地从热带丛林中升起，阳光洒在大草原上，风阵阵袭来，青青的草原像碧波荡漾的海洋，随风翻腾起绿色的波涛，发出沙沙的声音，将D叔一家从沉睡中唤醒。

"哎呀，走开！"青草垂下的草尖像挠痒痒般，挠着知奇的脸，他边挥手边嘟囔。洛凡见状笑吟吟地说："知奇哥哥，小草都叫你起床啦！"

D叔看着眼前与身等高的草丛，说道："虽然我们吸收了胶囊释放的能量，变大了一些。但还是没有这些草高呀！"

"孩子爸爸，难得我们在青草迷宫探险呢。"伊静宽慰D叔，"不过我们确实要弄清楚，应该向哪个方向走。不然真的迷失在迷宫里了。"

"妈妈。"亦寒终于从黑暗隐者传递的噩梦中恢复过来，"我让小白蛇带我飞到半空中打探一下。"话音刚落，小白蛇变成可戴式螺旋桨，带着亦寒升高了许多。"哇！就像哆啦A梦的竹蜻蜓一样。小白蛇真棒呀！"洛凡羡慕地发出了赞赏。知奇羡慕的目光也一直追随着升起的亦寒。

"我看到了，爸爸，妈妈，我们现在是在一片大草原中。右手边的远处，好像是一片丛林。"亦寒在空中喊道。

"快下来，危险！"伊静担心亦寒摔伤。

小白蛇带着亦寒缓缓降落。"没事，妈妈。"亦寒边说边将变回原形的小白蛇收入口袋。

"还是太危险了。"伊静说，"下次真要打探地形，可以让小白蛇带你爸爸这样找路。"听妈妈说完，孩子们一边捂着嘴笑一边用眼睛偷偷打量D叔。D叔佯装生气，连摇摇头："我可不敢。"

"咳！"D咕教授一声咳嗽，让D叔想起正经要事。"我们不能一直困在草丛里。相信亦寒的判断，我们先往丛林方向前进。为了安全，我们也得在丛林的高树上休息。谁让我们现在是小人国的成员呢。"

故事 ❸ 盛宴分享，知奇命名知奇果

"红树青山日欲斜，长郊草色绿无涯。"D咕教授穿梭在绵延不绝的青草中，随口吟来。"爷爷，我没看到红树、也没看到青山。"知奇打趣地说道。"小鬼头，那你是不是感受到'绿无涯'了呀。"D咕教授回应道。知奇点点头。D咕教授停下来，假装拈自己的胡须："那就够了！"

日头正当午，草丛里闷热无比。D叔一行走得十分吃力，最大的困难是，看不清方向，每一步路都是大家探索而来的。"哥哥，小白蛇休整好了没？"知奇小脑袋打起了小白蛇的主意。亦寒没有说话，他拿出小白蛇："变形低空飞机。""这才快嘛！"坐在飞机里的知奇感慨道。

"看，那是什么，好多东西在动。"洛凡指着丛林旁的小道。果然，有好多黑影在速度很快地移动。D叔示意在那里降落。等众人到达地面时，黑影又不见了。D叔说："这里植被茂密，应该生存着许多动物。我们还是要注意安全。""咕噜咕噜"，竟然是D咕教授的肚子发出了咕噜声，他都有些不好意思。"爷爷，我和你一样也饿了！"知奇摸了摸自己肚子。伊静体贴地希望D叔就近找一个安全的地方，让大家补充点能量。走入这盘根错节的远古森林，D叔一行显得更为娇小。D叔考虑安全第一，带着大家走了一会儿，寻得一处高地，背靠着一棵大树，才示意大家休息。大家吃着干粮，兔匪匪却啃食起地面上的一颗果子。洛凡抬头看他们靠着的这棵大树，发现树上结满了五颜六色的果实。兔匪匪吃得很香，洛凡也嘴馋了。可果实结在树梢，孩子们只能眼馋。还是D咕教授出马，将马头拐变成激光器，精准地打落一颗又一颗果子。D叔一家美美地享用了一顿远古水果大餐。而参与他们水果大餐的，还有其他客人。"啊！"伊静首先发现森林边的那些黑影也过来捡拾果子。"哦！原来是它们。"D叔恍然大悟，"别怕，它们是森林古猿。我们悄悄后退，别惊扰它们。"

"爸爸，它们有危险吗？"知奇担忧地问。"它们以树叶和果实为生，我们别惊扰它们。不会有危险。"D叔回答道，"想了解森林古猿吗？那爸爸就跟你们好好讲一讲。"

故事 ❸ 盛宴分享，知奇命名知奇果

洛凡探索生命日记

森林古猿
——最早的类人猿

今天醒来，就发现我们来到了草原，我以前没到过草原，这次也跟我想的有点不一样呢，草比我还高，什么也看不见。亦寒哥哥的小白蛇变形为哆啦A梦的竹蜻蜓，帮我们看清了前进的方向。后来，D叔领着我们走出了草原，来到了一片大森林。这里竟然有好多水果，而且还都可以吃。我的兔匪匪吃起水果来非常地棒。水果大餐还吸引来了一群客人，它们就是森林古猿。下面，我正式开始写今天的探索生命日记了。

D叔说，森林古猿是从猿到形成人的三个阶段中的第一个阶段，即"攀树的猿群"。D叔还跟我们说森林古猿大约生活在1300万至900万年前的热带雨林和广阔的草原上。也就是说我们现在就站在1300万年前的草原上！

森林古猿是最早的类人猿，既是人类的祖先，也是现代红毛猩猩、大猩猩和黑猩猩的祖先，化石发现于非洲、欧洲和亚洲。它们具有猿类和人类共同的体态和行为特征。

森林古猿身体矮小粗壮，身高约60厘米，体重11千克，脑容量约167毫升。森林古猿和现在的D叔一样高，那我还没有60厘米高！胸廓宽扁，前肢与后肢一样长，前颔宽平，嘴唇长而宽并向前突出。它们过着群居生活，在树林间荡来荡去，主要以树叶和果实为生，大多生活在树上，偶尔也下到地上生活，四肢着地前行。

　　森林古猿是最早的类人猿，有两个演化支。一支向猩猩类演化，大约在1250万年前，森林古猿进化出腊玛古猿（雌性），雄性为西瓦古猿；1200万年前，森林古猿又进化出红毛猩猩；大约200万年前，腊玛古猿可能进化成巨猿；30万年前，巨猿灭绝。另一支向人类演化，大约在700万年前，乍得人猿与大猩猩从森林古猿那里分化出来；不过那又是其他的物种了！

　　今天的日记就写到这里了，请小朋友们继续跟随我们一起来探秘旅行吧。

　　"来，我请你吃水果。"在知道森林古猿没有危险之后，知奇拿起一个水果喂靠近的森林古猿，"我叫知奇。"

　　"知——奇——"，森林古猿竟然回应了知奇。"它会喊我名字了！"知奇兴奋地告诉大家。"得了吧，你自己听着像而已。就算它喊了，也许它喊的是这个果子。"亦寒给知奇泼了冷水。知奇撅着嘴说："那也没关系。反正这果子没有名字，就叫'知奇果'也很好。"说完，知奇昂首阔步地走到树下，指着树说："这棵树就是'知奇树'了。"知奇从地上捡了一根树枝，让洛凡帮忙把自己身高刻在"知奇树"上，他说："我要让知奇树记住知奇的成长。"

　　看着孩子们闹腾，大人们感到又疲惫又欣慰。"好了，森林古猿都回树上休息了。你们也不要闹了，我们今晚在这儿安歇。"D叔嘱咐完，就和D咕教授一起探讨旅程的进展。伊静趁着夜色未浓，赶紧捡拾地上的"知奇果"，未来旅程漫漫，沿途都要补给食物和水。

故事 ③ 盛宴分享，知奇命名知奇果

27

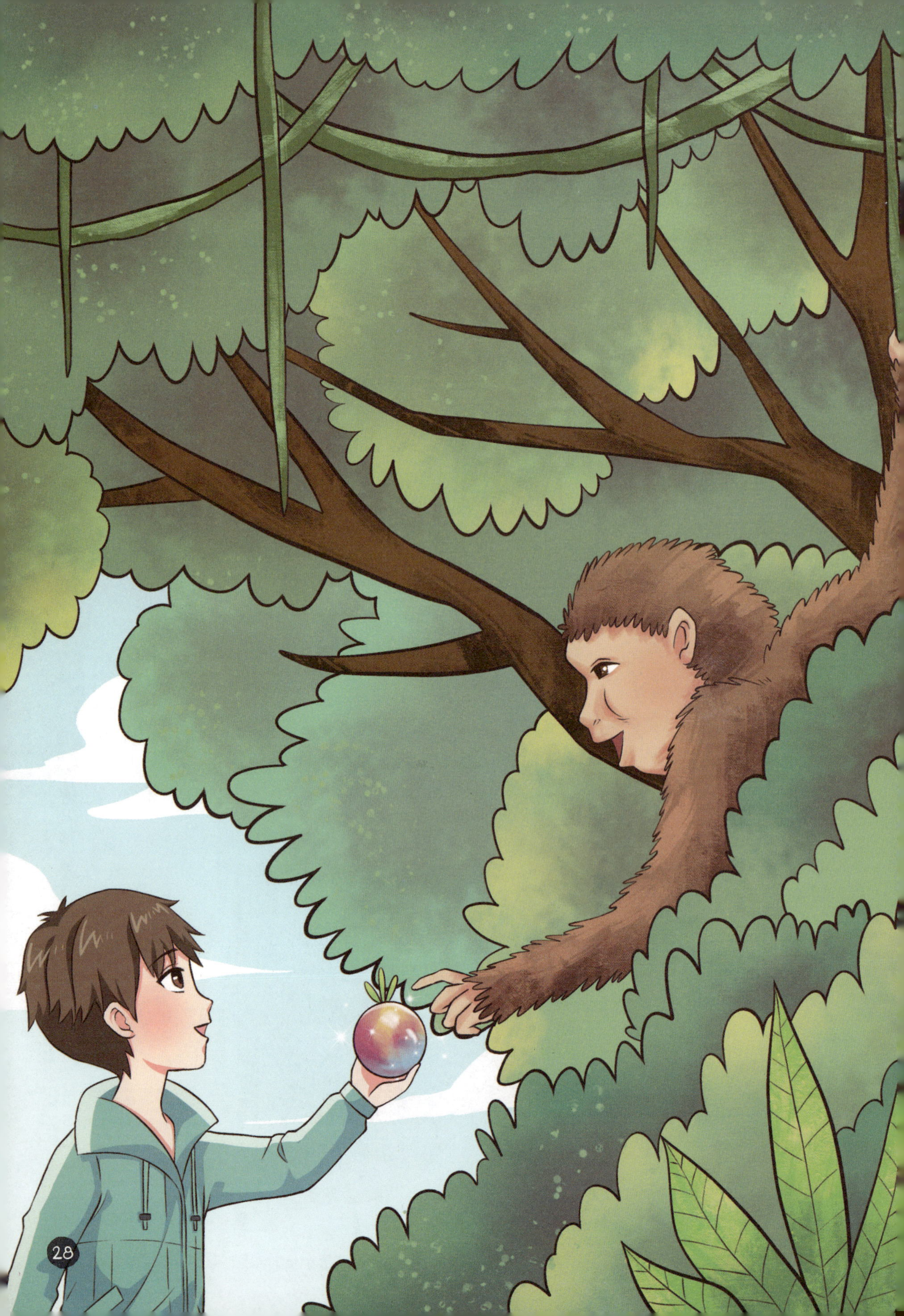

D叔漫时光

温馨提示：涂出创意

温馨提示：扫码听故事

故事 ④
洛凡被抢，D叔一行陷恐慌

森林里的清晨，空气格外新鲜。初升的阳光洒下来，没有炙热只有别样的温馨。在鸟语声声、虫鸣阵阵中，D叔一家醒来。知奇揉揉双眼，一骨碌就爬起来，想找到昨夜刻在树上的印记，看看自己长高了多少。找来找去，也没找到那棵大树。"别瞎忙活了"，亦寒悠悠地说道，"我们早就在另一片森林了。"

散完步归来的D咕教授笑着说："哥哥说得对。我们哪，又被时空胶囊带到了新的地方。""爸，附近情况如何？"D叔问起。"根据树木种类和地面沉积物判断，这里比我们发现森林古猿那时的气候要干旱些。"D咕教授超级专业的回答，让洛凡和知奇都撇了撇嘴。

伊静准备好早餐，分发给大家，自己却打开幻本，想找寻这一场旅行归家的线索。幸运的是，幻本配合地发出了微弱又缓慢的提示音：猪——秘——钥。伊静不敢相信，把自己耳朵凑近幻本，屏息等待着它再一次微弱地响起：猪——秘——钥。妈妈像个孩子一样的举动，逗笑了知奇，他问道："妈妈，你听到什么啦？"伊静放下幻本，兴奋地告诉大家："幻本给出了提示，我们要寻找猪秘钥！"D叔说："太好了，我们一会儿收拾好行李就出发。现在有目标了！"亦寒没有像其他人一样倍受幻本

猪~秘~钥~

提示信息的鼓舞，他仍然低头嚼着干粮，心里五味杂陈：黑暗隐者让自己务必要拿到的也就是猪秘钥啊！

　　D叔背起背包，带领众人往树木稀疏的地方行进，"加油，出发了。我们最好在正午之前走出这片林子。"D咕教授走在队伍末尾。高大的树木逐渐稀少，地面灌木丛却愈发茂密，徒步穿越一丛一丛灌木，孩子们明显吃力起来。"哎哟"，一不小心，灌木枝刺破了洛凡的小腿。伊静赶忙给洛凡消毒包扎："洛凡，一点点疼啊，忍一下。"洛凡长大了，也坚强了许多，没有掉眼泪："没关系，阿姨。也就一点点疼。"知奇和亦寒都很心疼洛凡，知奇跟D叔说："爸爸，要不然我们在这附近休息一下吧。"D咕教授用马头拐就近压低了几丛灌木，整理出一片稍微平整的地。D叔抱起洛凡，大家一起在平整的灌丛里小憩。

　　还没有小憩一会儿，此起彼伏、长短不一的尖叫声，让D叔一行警觉起来。洛凡窝在伊静的怀里，知奇和亦寒不由自主地躲进了D叔和D咕教授的臂弯里。D叔一边安慰着大家别害怕，一边仔细辨别这声音的来源。"听上去，像猿啼！"D叔像是自言自语。D咕教授回应："应该是一群。这声音应该是它们在互相传递有入侵领地的信息。"D叔示意知奇帮忙从背包里拿出望远镜，他开始观察四周。"果真有一群乍得人猿，在前方的高树上。看来是我们闯入了它们的领地。"D叔说完，知奇和亦寒就抢着用望远镜观察。"爸爸，它们长得像猩猩又像人。"知奇不知道它们会亲近人类还是会敌视人类，他把望远镜递给早就望眼欲穿的洛凡。D叔告诉大家，原地不动，尽量减小动作幅度："那只最雄壮的就是它们的首领。我们尽量保持安静，不要有太大动作。它们警告完，应该会散去。"

　　大家都屏住了呼吸，静静等待乍得人猿家族的离开。猿声没有像古诗中所言的啼不住，而是渐渐平息。D叔一行悬着的心也终于落下来。D咕教授提醒大家在原地待一阵儿，等乍得人猿走远，他们再出发。趁这个空当，D叔回答了知奇提出的乍得人猿到底是黑猩猩还是人类的问题。

故事 ④ 洛凡被抢，D叔一行陷恐慌

洛凡探索生命日记

乍得人猿
——最早直立行走的类人猿

今天我们醒过来时，已经在另一片树林中了，虽然没有对比昨夜刻在树上的印记，但我也知道我们所有人都"长大"了一些。早餐的时候，伊静阿姨的幻本给出了此次旅程的线索：猪秘钥。D叔带领我们去追寻秘钥的下落，在行进过程中，因为灌木丛刮伤了我的小腿，大家不得不停下来陪伴我。结果被乍得人猿误认为我们侵犯它们的领地，发出了明显的警告。此起彼伏的猿啼，叫得人心里慌慌的。下面，我正式开始写今天的探索生命日记了。

D叔说，乍得人猿是一种类人猿。类人猿是智力较高的灵长类，其中人科分两个亚科，即猩猩亚科和人亚科。猩猩亚科包括红毛猩猩、西瓦古猿和巨猿；人亚科包括乍得人猿、大猩猩、黑猩猩、地猿、南方古猿、能人、匠人等。亦寒哥哥打断了D叔，问道："爸爸，猿和猴有什么区别呢？""亦寒的问题，想必也是你们两个小鬼想知道答案的吧！其实猿与猴的区别主要是猿无尾巴、有阑尾；而猴有尾巴、没有阑尾。"

D叔说乍得人猿，又叫乍得沙赫人，是最古老的人类祖先，也许是人类和黑猩猩的最近共同祖先。它生活在约700万年前的非洲乍得。"在现代，我们仅仅发现一个乍得人猿的完整头骨化石。所以今天能亲眼见到乍得人猿家族，我们都是幸运儿。"D叔越说

故事 ❹ 洛凡被抢，D叔一行陷恐慌

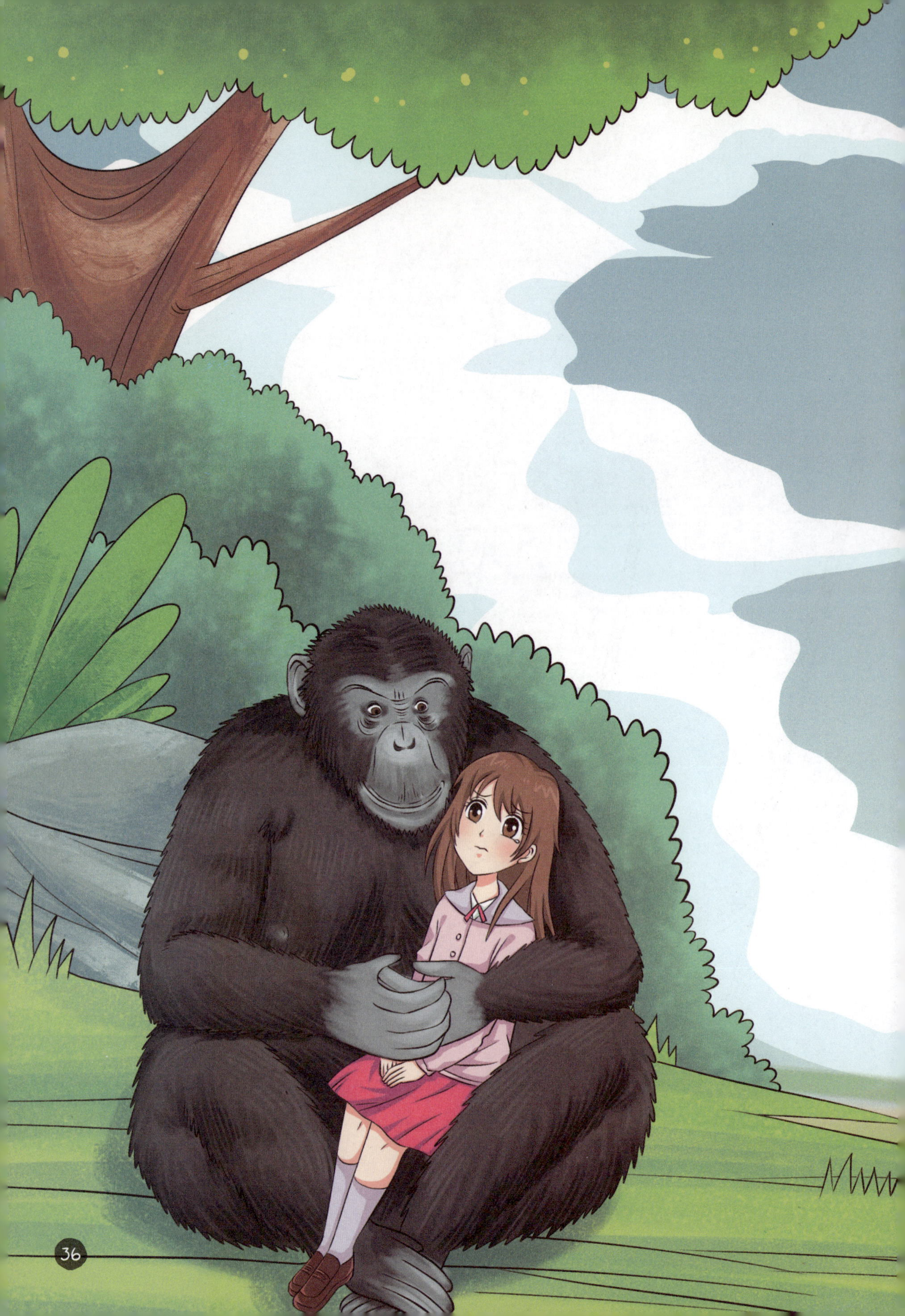

越兴奋，"乍得人猿过着以雄性为首领的群体生活，今天我们看到的那只最雄壮、体毛浓密的大块头，就是它们的首领。乍得人猿是介于大猩猩和黑猩猩之间的物种，即使有一些早期人类的特征，但他们仍然是猿类。知奇觉得它们像黑猩猩，这没有错，乍得人猿体态和行为与黑猩猩并无两样。它们体毛浓密，前肢长于后肢，主要在树上生活，以吃树叶和水果为生。"

"那么，爸爸，为什么它又叫乍得沙赫人？与我们人类关系有多密切啊？"知奇一连提了好几个问题。D叔回答道："乍得人猿同时具有进化和原始的特征，脑容量340~360毫升，与现在的黑猩猩相近。它们的头颅骨很小，牙齿细小，脸部较短，眉骨较为突出，有厚厚的牙釉质，这与我们人类有明显的区别。"

"关于人类出现的确切时间，我们并不清楚，但最早的人类祖先大致在距今700万~500万年前，即中新世晚期出现。分子生物学研究表明，人类和黑猩猩是在乍得人猿之后100万~200万年后分支出来的。"D叔也许是觉得知奇哥哥对人类的出现很感兴趣，就补充了人类起源的时间知识，"乍得人猿是最早直立行走的类人猿，但它直立行走的样子很特别，两脚呈外八字，扭动着屁股向前挪动脚步。"

今天的日记就写到这里了，请小朋友们继续跟随我们一起来探秘旅行吧。

洛凡刚刚记完日记，奇笔还未放下，几只乍得人猿竟向D叔一行靠拢。"爸爸，你说它们只吃树叶和水果的。它们不会咬我们吧？"知奇吓得有些语无伦次。事发突然，大人们也有些慌张。的确，习惯在树上活动的乍得人猿怎么会突然来到地面，并且直奔大家而来？这一点，D叔也没有想明白。最关键的是，D叔一行身长还未恢复，慢慢靠近的乍得人猿显得高大又威猛。情急之下，D咕教授的马头拐变身麻醉枪，"嗖嗖嗖"地发射子弹。可惜的是，D咕教授变小了，马头拐也变小了，射出的麻醉子弹也变小了。被射中的首领恼羞成怒，变成电影里的金刚一般，发疯似地冲过来。"小白蛇，智能变形！"亦寒命令一下，转眼，D叔一家已躺在缓缓升起的热气球里。大家还未松口气，伊静大叫："洛凡没有跟上！"热气球已升腾至半空，热气球下，乍得人猿首领怀里抱着的正是小小的洛凡……

故事 5
芯片反转，亦寒助力追洛凡

"小白蛇，跟上他们。"亦寒大喊。小白蛇铆足了力量，变为强力推进器，在半空中掉头随乍得人猿首领而去。众人的追踪激怒了乍得人猿首领，它回过头来龇着尖锐的牙齿，用力把洛凡挤向自己的胸口。"别伤害洛凡！"伊静带着一丝祈求。亦寒也害怕进一步激怒这发疯的动物，伤害到洛凡，不得已让小白蛇速度慢了下来。

乍得人猿首领抱着洛凡，在森林的树枝间跳跃。可怜的小洛凡吓坏了，她紧闭着双眼，不敢看周围。小白蛇带着大家一直跟踪在后，保持着不远不近的距离。D咕教授已经将马头拐变为麻醉枪，做好了随时射击的准备。知奇凑到爷爷身旁，犹豫了很久，终于说出口："爷爷，你可得看准了。别射中了洛凡。"D咕教授的心咯噔一下，要是在平时，这马头拐早就敲中了知奇的脑袋。

故事 ⑤ 芯片反转，亦寒助力追洛凡

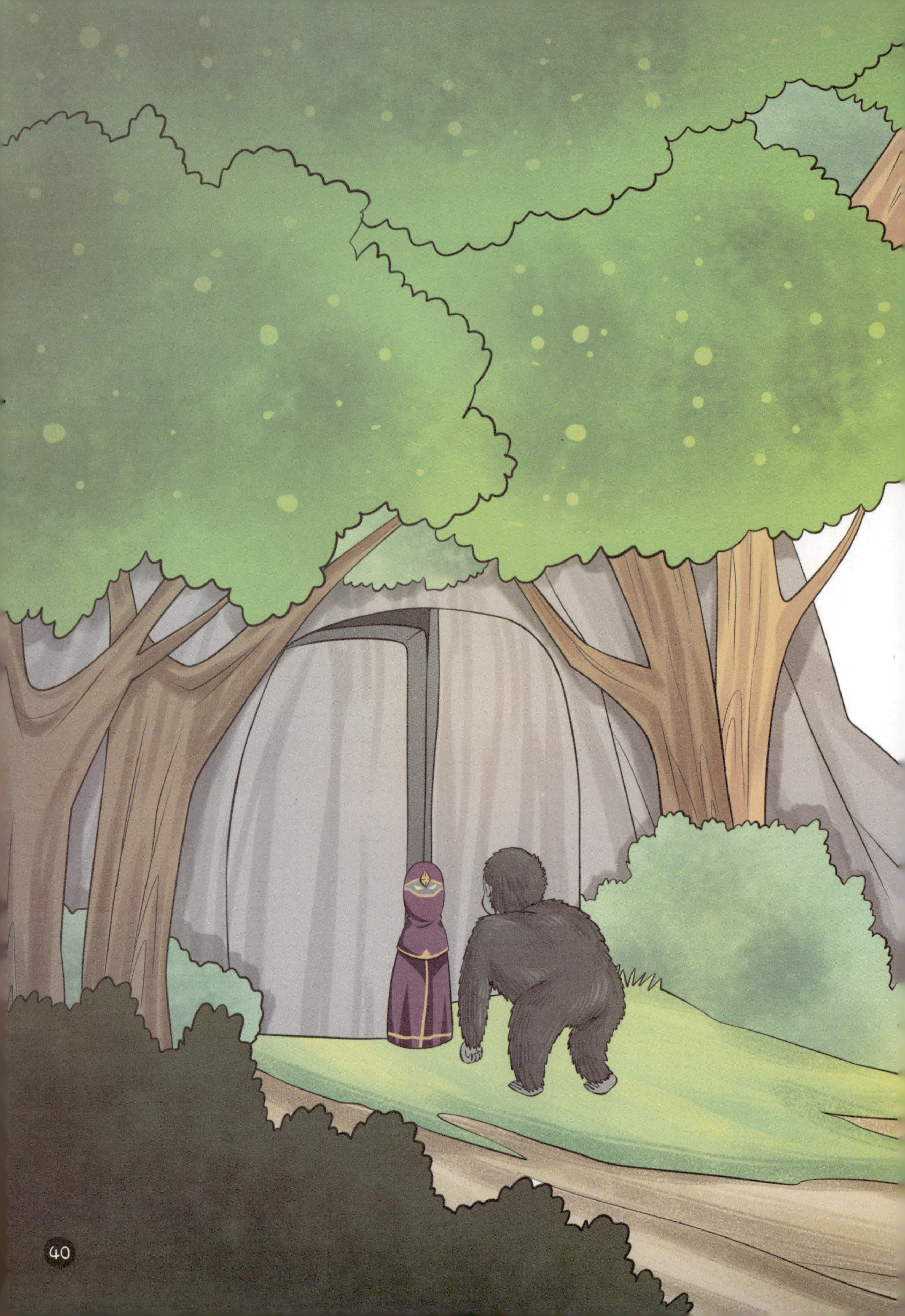

突然间，乍得人猿首领停了下来。在它面前隐隐约约有扇大门在开合着。一个穿着黑色袍子、将面部遮掩、看不清模样的人从门中穿越而出，乍得人猿首领非常听话地将手中的洛凡交给了他。"不好，爸，准备射击！"D叔高喊。D咕教授的马头拐"嗖"的射出了子弹，这黑袍人拂起长袖。"叮——"，麻醉子弹弹到一旁石头上，发出清脆的声响。"你是谁？"D叔焦急地问，"别伤害洛凡，她只是一个小孩子！""哈哈，我当然不会伤害她。"黑袍人身形一顿，黑色帽檐下传出了恐怖的笑声，"我需要她帮我找到生肖猪秘钥。放心吧，D叔，我们不久就会再见的！"话音刚落，黑袍人转身就闪入了大门。门消失了，森林里像什么都没有发生一样。乍得人猿首领也恢复了常态，回到自己的家族。只留下恐慌又愕然的D叔一家。

知奇"哇"地哭了出来，伊静流着泪把他搂在怀里，嘴里念叨着："洛凡一定不会有事的。"D咕教授很懊恼自己没能救下洛凡，长叹着气。"爸，这不是您老的错。这一切都是有预谋的。"D叔停下来，静静地思考。同样陷入沉思的还有亦寒，因为只有他认出这黑袍人是谁，就是他的E博士爸爸——黑暗隐者。"他为什么要带走洛凡？是为了找到秘钥吗？洛凡会知道猪秘钥的线索吗？"亦寒脑海里盘旋着太多的问题，"E博士爸爸既然自己都来了，为什么还要我关注着猪秘钥！"D叔反复回味着黑袍人的话，忽然很有信心地鼓舞大家："洛凡暂时不会有事。黑袍人说了，他要洛凡帮助寻找秘钥。所以我们要振作起来，找到黑袍人，或者找到秘钥。两个方法都可以救回洛凡！"听完爸爸的分析，亦寒也明白原来黑暗隐者没有带走自己，就是为了让自己完成间谍的作用。

也许是旅程乏累，再加上压力和内疚，D咕教授的状态看起来很不好。从来都是老当益壮的爷爷，此时虚弱得站不起来。D叔又心疼又焦急，伊静赶快收起情绪，照顾D咕教授。"我老了，哎，弄丢了洛凡，还拖累你们！这个黑袍人到底是谁？"爷爷沮丧的话语，刺痛了亦寒和知奇稚嫩的心。亦寒跪到爷爷身边，哭着说："爷爷。他不是坏人。他是我的E博士爸爸！"震撼一个一个袭来，迷雾一重一重拨开，亦寒娓娓地道出了压在心底的秘密。

原来，是黑暗隐者救了走丢的亦寒，悉心教育和陪伴他，最后又送他回到爸爸妈妈身边。亦寒说："E博士爸爸也是伟大的科学家，他收集秘钥，也是为了拯救地球。他有时候会通过芯片传递信息给我。"D叔和伊静心绪十分复杂，有不小心让亦寒走丢的内疚，有对黑暗隐者的感激，又有说不清道不明的深深担忧。

夜色开始降临，D叔口袋里的胶囊像萤火虫闪着光芒，大家感到一阵目眩。待恢复时，发现他们已经来到另一片时空，同样带给他们绚丽光芒的是天空中刺眼的太阳。

幸运的是，D咕教授在这里也恢复了许多。他挂着马头拐，一扫之前的愁绪："洛凡应该不会有危险。亦寒，要是你E博士爸爸联系你，你第一时间告诉我们。"亦寒用力地点点头。

"爸爸，好热，我也好渴！"知奇接过妈妈递的

故事 ⑤ 芯片反转，亦寒助力追洛凡

水壶，"咕咚咕咚"喝了个痛快。D叔看到伊静的表情，知道他们需要尽快找到水源。"我们别在太阳下晒着了，先避避暑吧！"D叔说完带着大家退到了身后一排树林里，而树林另一边就是一条宽阔又清澈的河流。这可喜坏了众人，D咕教授说："生活就是这样否极泰来吧！"

"呀！是黑猩猩们在洗澡吗？"知奇看着河流中间站立着好几只黑猩猩，还有几只正从河流对岸茂密的森林里向河流中央行走。D叔一行的到来，显然打扰到了它们。D叔在观察它们，它们也睁大眼睛在观察D叔。"是地猿！"D叔示意伊静从背包里拿出"知奇果"。赠送水果，成为友好的外交手段。

D叔一家跟着地猿们穿过河流，到达茂密的森林，那里是地猿始祖居住的地方。地猿很欢迎D叔一家，这也让疲惫的众人得以放松和休息。"知奇！洛凡不在，你替她做好科学日记的记录吧。"D叔点名。知奇打起精神，开始记录。

43

卡达巴地猿
——黑猩猩的"亲兄弟"

今天是超级漫长的一天。其实我到现在都不相信洛凡被抢走了,而且抢走她的是亦寒哥哥的E博士爸爸。哦,我的脑袋都要被这些信息弄炸了。本来我什么都不想做了,但爸爸让我代替洛凡做记录。好吧,下面,我正式开始写今天的探索生命日记了。

爸爸说这种地猿是一种卡达巴地猿,属于人亚科人亚族。生活在580万至520万年前非洲埃塞俄比亚茂密的森林中。所以我们现在所处的就是这一片茂密森林。

爸爸继续说:"卡达巴地猿或许已经能够直立行走,但与现代人的直立行走不太一样。卡达巴地猿的出现是脊椎动物进化史上的第八次巨大飞跃,两足站立,直立行走。

你们看它们大而分开的脚趾用来攀爬时抓住树枝,其髋骨也和猿类的很像。地猿生活在水源充足的林地和森林边缘的混合地带。牙齿相对较小,更像是森林古猿谱系,地猿没有厚的牙釉质,所以地猿看上去更像是猿类(如黑猩猩)。"

"爸爸,我们今天看到它们的确会不一样的直立行走了。"亦寒哥哥纠正爸爸所说的"或许"二字。

爸爸用笑容对哥哥表示了赞赏，他继续说道："卡达巴地猿的犬齿与我们现代人不同，它是人类与黑猩猩分家后最早的动物，犹如黑猩猩的'亲兄弟'。"它们吃我的"知奇果"吃得超级开心呢。

可能爸爸心情也不是很好，或者他也和我一样，还是担心着洛凡。今天的日记，显得有些短，但也不为难爸爸了。

今天的日记就写到这里了，请小朋友们继续跟随我们一起来探秘旅行吧。

天色暗了下来，卡达巴地猿们竟然都没有离去的意思，它们在D叔一家不远处休息。"看样子，它们把我们当成了同类，想保护我们！"D叔轻轻地告诉伊静。伊静长吁一口气，看着D叔，"我希望，小洛凡也有人在保护着！"

故事 6
伙伴阿迪，重现疯狂原始人

这一夜，孩子们在睡梦中不断地说着呓语。大人们则彻夜无眠。D叔一家没能找回洛凡，谁的心情都不好。大人们又担忧又心急，但还得稳住亦寒和知奇的情绪。知奇一路都红着眼睛，亦寒心绪复杂，悔恨和内疚夹杂着担心，让他小小的心脏备受折磨。

心里再难过，伊静还是让大家打起精神吃过早餐。D叔也给大家鼓劲："洛凡还在等着我们去相救。大家一定要吃好东西，恢复体力，才有希望。"亦寒站起来，带着无限的内疚说："爸爸，还是没有新的信息传递给我。"D叔有些心疼地搂过亦寒："好孩子。不着急，这不是你的错。即使没有他的信息，我们也能够找到洛凡的。你看，我们还有一大群地猿始祖种帮忙。"

听到D叔的话，大家才想起身边还有地猿始祖种家族帮忙。不看不知道，一看才发现今天的地猿始祖种都变小了。"哦。不是它们变小了，是我们又'长大'了一些。"D

咕教授解释道。D叔从口袋里拿出胶囊，果然胶囊又干瘪了许多。知奇流着泪说："没有胶囊在身边，洛凡会不会永远长不大了？"这个问题一下子难倒了D叔，他心下慌张："是哦。知奇提出的真的是一个严峻的问题。"看着爸爸没有回答，知奇觉得一定是这样了，他难过得大哭起来。突然一双毛茸茸的手捧着知奇的脸蛋，为他擦拭泪水。知奇定睛一看，一只慈祥的也饱含着泪水的地猿始祖种正温柔地看着自己。

故事 ⑥ 伙伴阿迪，重现疯狂原始人

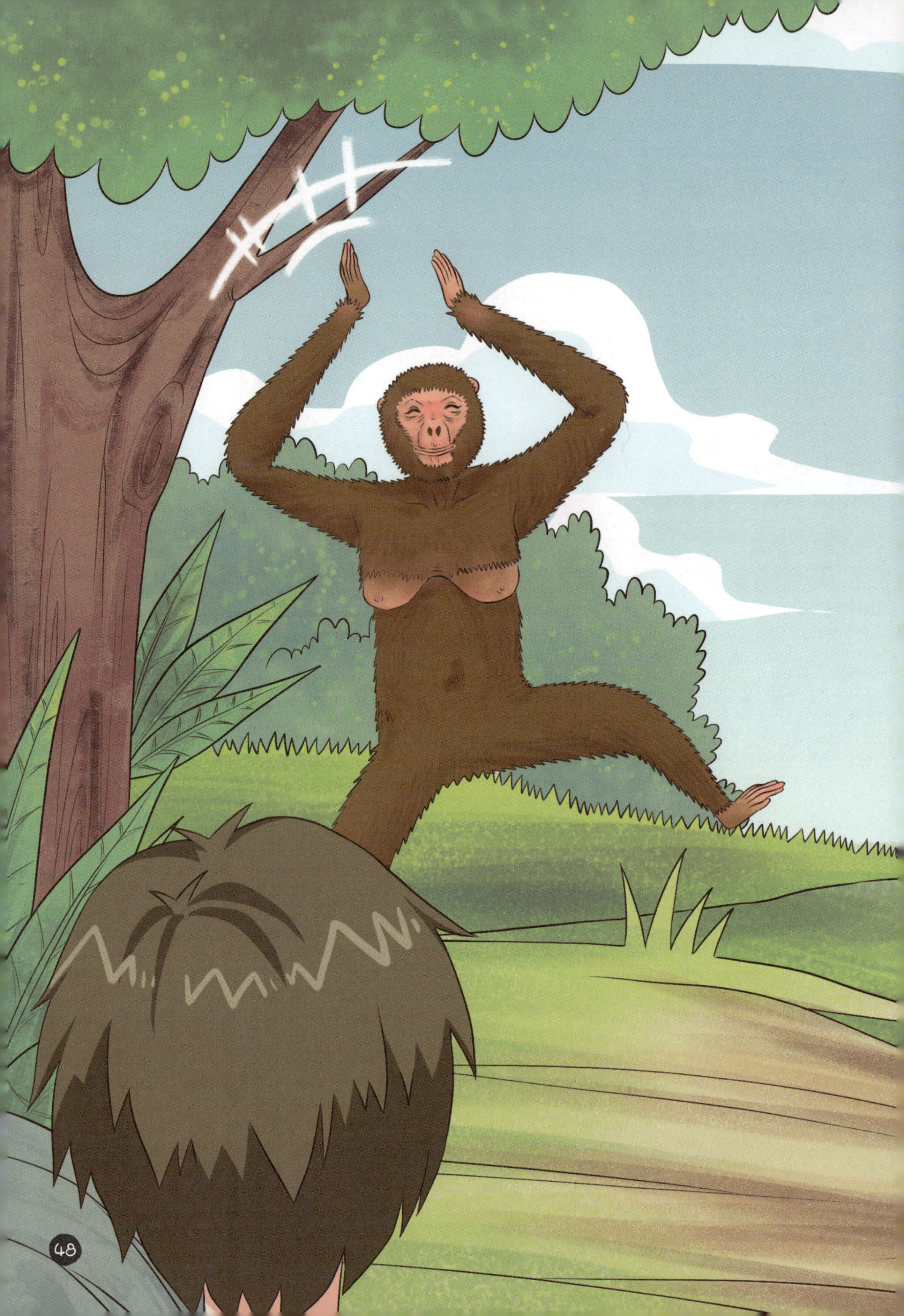

故事 ❻ 伙伴阿迪，重现疯狂原始人

　　这只地猿始祖种看起来与其他的有些不同，它像懂得D叔一行的心思。它擦完知奇的泪水，回过头来，跟D叔边说边比画。D叔和伊静一头雾水，一时半会儿领会不到它的意思。D咕教授在一旁认真研究，说它大概的意思是让我们别担心，它知道我们要找的人在哪儿。

　　"那太好了！"知奇高兴地抱住了这只地猿始祖种，"你叫什么名字？"听到知奇的提问，大人们都笑了。没有想到的是，这只地猿始祖种听完知奇的问题，用手指指着D叔存有胶囊的口袋。D叔有些愕然地拿出胶囊，这只地猿始祖种微笑着凝视胶囊并不停地点点头。"肯定是胶囊也给了它能量，它才会听懂我们的话。"亦寒做出了大胆的推测。"可是，我们也不能叫它'胶囊'啊。这个名字不好听。"知奇摇摇头。"你为什么对取名这么执着？"亦寒反问知奇。在两兄弟的你言我语中，其他的地猿始祖种都远去了。只有这只地猿始祖种留下来左看看知奇，右看看亦寒。

　　"好了！"知奇说，"我决定叫它'阿迪'。"知奇命名完，就走上前轻轻拍了拍阿迪："叫你'阿迪'好不好？"阿迪露出了微笑并拍起了双手。"喏，给你。"知奇不知道从哪掏出一个牌子，上面竟然写着"阿迪"。D叔神情一动，这不会是他们的穿越影响了未来吧。

　　"阿迪可是很有名的地猿始祖种。"D叔说道

　　"爸爸，为什么呢？"亦寒问起。D叔长叹一口气："洛凡还未归队。知奇，还是由你来替洛凡记录科学日记吧。"

洛凡探索生命日记

地猿始祖种：阿迪
——"人类的曾祖母"

我知道爸爸让我代替洛凡记录科学日记的良苦用心，他不想让我沉浸在悲伤、失望和担心中。我相信洛凡一定在等着我们，她是坚强的小公主。上次《龙鸟王国》之旅，我和她一起与大家走失时，她就表现出了勇敢。这次她一定也会平安无事的，何况我们的好朋友地猿始祖种——阿迪都告诉了我们，它知道洛凡在哪儿，它会带领我们找到她。虽然阿迪长得比我高，但它一点儿都不凶，对我很友好也很和蔼。下面，我正式开始写今天的探索生命日记了。

爸爸说："阿迪是迄今为止人类所知最古老的原始人遗骸，所以，我把她誉为'人类的曾祖母'。它是一种地猿始祖种，雌性，身高1.2米，生活在440万年前的非洲埃塞俄比亚。它的脑容量略大于黑猩猩，其脸部似猿，十分突出，其头骨特征与现代猿和南方古猿不同。"听完爸爸说的这些，我瞄了瞄旁边的阿迪，它真的符合爸爸所描述的特征。"不过我们身边的'阿迪'吸收了胶囊的能量，脑容量肯定远远超过了化石阿迪。"爸爸补充道。

"知奇，阿迪刚刚为你擦拭了泪水，你觉得它的手掌柔软吗？"爸爸突然向我发问。

故事 ⑥ 伙伴阿迪，重现疯狂原始人

51

我回想了下，的确很柔软也很温暖。

"'阿迪'有较长的手臂，但手掌很短，手指非常柔软，这些使它能够通过手掌支撑自己的体重。它的脚非常僵硬，所以它有时能够直立行走，但因没有足弓不能远行。"爸爸说完，让我们观察阿迪的脚趾。"看到没有，阿迪保留着攀爬树木的大脚趾，尽管它也能像黑猩猩一样爬树，但不够灵巧，'阿迪'并不像现代黑猩猩那样擅长在树枝之间攀爬和跳跃，也不像黑猩猩那样，用指关节着地半直立行走。这表明黑猩猩与人类祖先在进化道路上有了分歧，分别沿着不同的进化方向进化出不同的特征。"

"阿迪的上颌齿要比现代人类更短更粗，比黑猩猩的更锋利。科学家对化石阿迪的牙釉分析显示，阿迪平时主要吃水果、坚果和树叶。"爸爸刚说完，我就注意到身边的阿迪正在吃着妈妈递给它的"知奇果"。

爸爸继续说道："阿迪的研究具有重大的意义。科学界此前一直假定，人与黑猩猩最后一个共同祖先具有众多与黑猩猩相似的特征，例如它也许还像黑猩猩一样采取四肢着地的方式行走。但'阿迪'的研究颠覆了这一假定。'阿迪'既不是黑猩猩，也不是人类，它非常接近黑猩猩和人类的共同祖先。"

"在人类进化历史上，阿迪是重大的发现；在我们的这趟旅程中，阿迪是我们重要的朋友。"爸爸说完就陷入了沉思。

今天的日记就写到这里了，请小朋友们继续跟随我们一起来探秘旅行吧。

吃完"知奇果"的阿迪，突然直立了起来。伊静以为它还想继续吃，连忙从背包里拿出了更多的水果。它使劲摇摇头，用手指指着远方，做出奔跑的模样。D叔从沉思中回过神来，让大家收拾好行囊，跟着阿迪出发。阿迪一会儿在树上攀爬，一会儿又到地上行走，不时回头等待D叔一家跟上。不知不觉中，就带着众人走入了森林深处。一直到一棵一木成林的大树前才停下来脚步。阿迪做出手势，发出高亢的尖叫。"E博士爸爸！"亦寒情不自禁地高喊。这一声，惊坏了所有人。而听到亦寒呼喊的黑暗隐者，急忙念下咒语，大树下两条巨大树根形成的区域打开了一扇时空之门，黑暗隐者快速闪进去。D叔一行见状，来不及和阿迪告别，就紧随其后穿过了门洞。谁也不知道门后是否就是等待他们营救的洛凡！

D叔漫时光

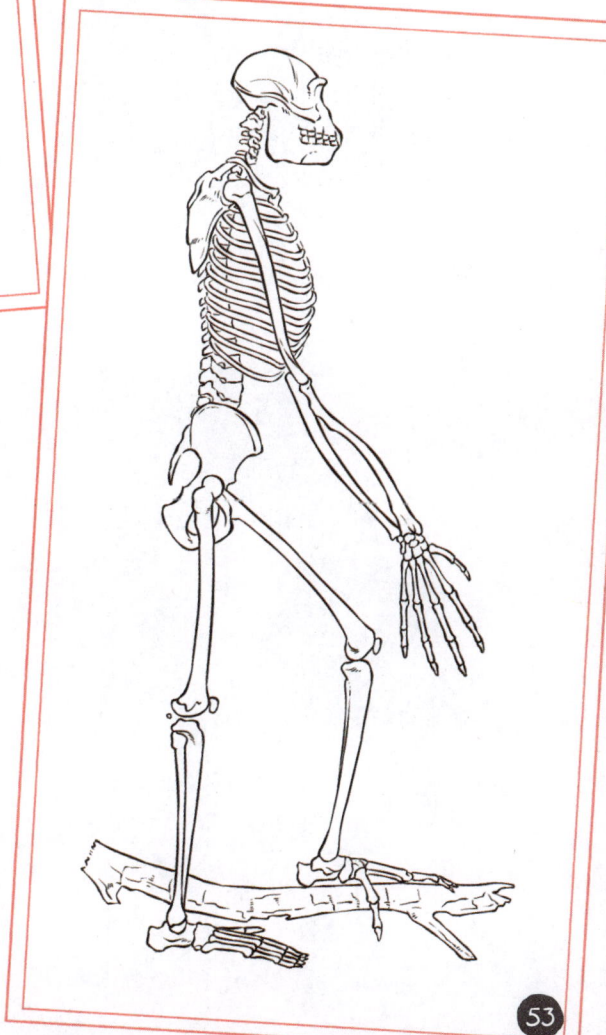

温馨提示：
涂出创意

D 书墨香

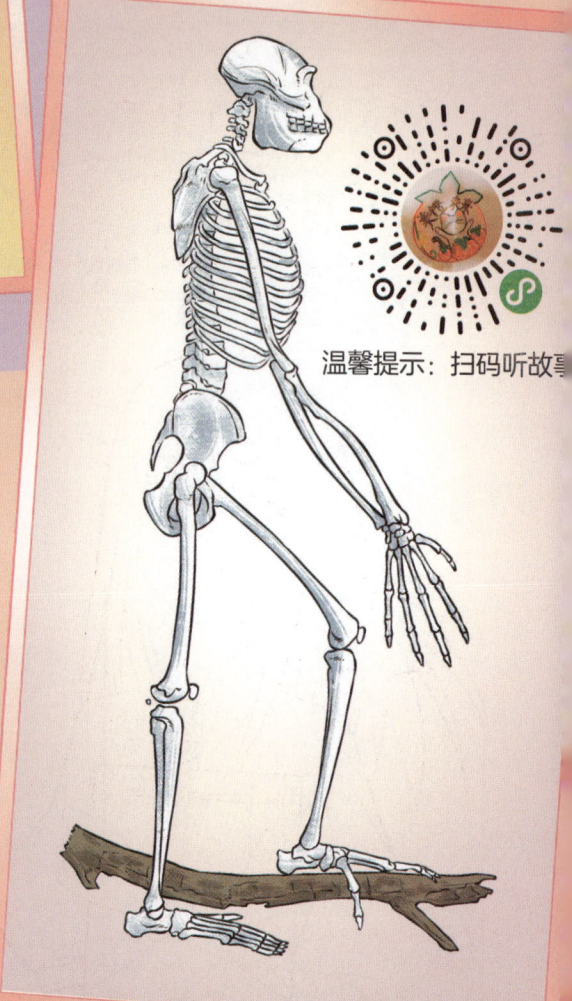

温馨提示：扫码听故事

故事 7
巧遇露西，无私传输时空能量

　　时空之门看上去只有薄薄一扇，但进入后，却发现里面是漆黑又漫长的隧道。也许是穿梭的速度非常快，D叔一家只感觉到耳鸣目眩。穿梭出隧道后，知奇就近找棵大树，"呜啦啦"吐了一通才畅快。"妈呀！比坐什么过山车、海盗船还要难受！"知奇抱怨着还不忘调侃亦寒，"你的E博士爸爸怎么钟爱这种穿梭术！"亦寒白了知奇一眼，没有理会他，走到D叔面前，带着些许沮丧道："E博士爸爸走得太快了，又不见了。""不要着急，亦寒。关键是我们跟过来了！"D叔安慰亦寒。

　　"什么味道啊？"才从晕眩中恢复的D咕教授问道。"像什么东西烧着了？是烟味！"伊静回答。"妈妈，那里起火了！"知奇爬上一块高石，指着树林的后方。D叔一个箭步，攀上高石，为了看得更清楚，他又从石头上跳到附近的大树上。一连串动作，把其他人吓得不轻。D叔站在树杈上，拿出望远镜仔细观察。两兄弟焦急地等待爸爸的信息。

D叔从树上滑下来，知奇扑哧就笑了出来。"小鬼头，你笑什么？"D叔拍拍身上的浮叶。"爸爸，刚才你上树时可帅了，像孙悟空一样。可是下树时，有些狼狈。"知奇说完又抿着嘴笑了。"哈哈！"D叔笑着说道，"爸爸还真希望自己是孙悟空呢，可惜不是啊。冒烟的地方是火山，它不仅喷吐着黑烟，红色的火星也逐渐密集。不知道什么时候会喷发，我们得赶快找安全的地方先落脚。"

火山附近的这片地域，草木茂盛。许多动物也许感受到了火山即将喷发，成群结队地在草丛和树林间窜动。"它们都不怕我们了。"知奇觉得很奇怪。"火山一喷发，它们都要被掩埋起来。逃命最要紧，谁顾得上怕我们呀！"亦寒回答着弟弟。"别拌嘴啦，我们也需要逃命！"D咕教授故作紧张地说。D叔带着大家往火山相反的方向行进，他希望能找到合适的洞穴，让大家安稳地落下脚。火山强烈喷发的话，方圆百里都要被火山灰掩埋。D叔一行走出繁茂的树林，"亦寒，这里空旷，让小白蛇变形直升飞机。我们要抓紧时间在空中查看合适地点。"D叔说完。"笃笃笃"小白蛇直升飞机的螺旋桨已经开始旋转，空旷的草地在强烈的气流下像波涛起伏的水面。

在半空中更能清楚地看到地面上各种动物从树林里跑出。它们就像赶集一样，往同一个方向行进。D叔指挥着飞机，循着动物奔去的方向，他知道在大自然面前，动物的直觉有时候比人类精准得多。果然飞过一条河流后，是另一座高山，D叔说："我们到这山的另一边降落。那里应该安全。"郁郁葱葱的树木长满了山坡，回到地面的众人都在寻找D叔要找的山洞。皇天不负有心人，一棵斜长的大树后，一块凸出的山石下，一个大小合适的山洞终于被他们寻得。"喂！"知奇在洞口喊了一声，"喂，喂，喂"回音袅袅。伊静给所有人都戴上了头盔和头灯，什么时候安全都最重要。"洞内很深呢！"D叔像是喃喃自语。他走到前头，打开了头灯，光线一点点向洞内渗透，偶有水滴滴落。D叔说："很好，我们在这里相对安全，还不怕没有水。"

一行人并没有继续往深洞里行进，现在探险不是主要的任务。他们需要就地休息。伊静忙着去收集饮用水，洛凡不在，没有兔匪匪，为了保证万无一失，大人们对水和食物的补充异常小心。亦寒静静地等待，他希望能尽快收到黑暗隐者的信息。D叔推测着

故事 ⑦ 巧遇露西,无私传输时空能量

应该到了傍晚时分，他和D咕教授在商量，等过了今晚，他们先出去打探情况。躺在地上的知奇，突然像充了电似的，一骨碌爬起来。他大声说："我要用我的A咪梦，连通洛凡。这样我们就知道她在哪儿了。"一语惊醒梦中人！"哎呀，怎么现在才想到？"伊静都有些埋怨自己。

"洛凡，你在哪儿？"知奇边问边在A咪梦中输入洛凡的信息。"别跑了，兔匪匪。等等我们！"洛凡的声音传来。"通了，通了！"知奇激动地站起来，对着A咪梦大喊起来，"你在哪儿？你在哪儿？""我在这儿啊！"洛凡哭了出来，此刻她已站在山洞里，"爷爷，阿姨，叔叔，你们怎么会找到我待的山洞？呜呜呜呜。"团圆来得太快又太巧，大家都有些手足无措！"啊，唔唔。"洛凡身后，一个直立的慈祥的古猿搂住洛凡，看上去她很舍不得洛凡哭泣。"啊，洛凡，是阿迪救了你！"知奇擦擦眼泪问。D叔平复好心情，让所有人包括"阿迪"都坐下，"我们都不要问问题了。洛凡安然无恙就最好。慢慢说，慢慢说。"洛凡点点头，停顿了很久，说："这是我的救命恩人——露西，它不叫阿迪。是它把我从黑袍人——黑暗隐者身边救出来的。黑暗隐者带着我来到这片森林，他让我好好喂饱兔匪匪，让我们用心感受秘钥在哪儿。当我看到露西在树上对我招手，我就偷偷跑到树下，它就迅速抱起我躲在这个山洞里。我们刚刚出去捡果子去了。"

D叔很感激地看着露西，他说："谢谢露西。你无愧于我们人类的祖母称号。""爸爸，你认识她？"知奇诧异地问。"嗯，我希望它就是我们的露西。"D叔说。

故事 ❼ 巧遇露西，无私传输时空能量

59

南方古猿阿法种：露西
——"人类祖母"

我终于又可以记录科学日记了。被黑暗隐者带离D叔一家，是超级恐怖的经历，他总是不苟言笑，还总爱穿着黑黑的衣服，不过他也没有束缚我。幸运的是，露西救了我。我问她叫什么名字，她微笑着说："露西。"其实不管你问她什么问题，她都只会回答"露西"。她带我躲在这个山洞里，然后我终于等到了来救我的D叔一家。下面，我正式开始写今天的探索生命日记了。

D叔说："阿迪是知奇哥哥他们遇到的地猿始祖种，露西则属于南方古猿阿法种。大约在400多万年前，地猿始祖种可能进化成南方古猿，其中最著名的是南方古猿阿法种，它的大拇趾与其他四趾分开，便于抓握。它们可以在地面上直立行走，又能像猿类一样悬挂在树上。"D叔说的这些动作，我看到露西都做过。它的表现超级棒，树上就有它们的家。

D叔继续说："到了晚期，南方古猿渐渐开始捕猎吃肉，随着食肉的增多，大约在250万年前，阿法南方古猿脑容量开始增大，牙齿变得尖锐而小，进化成能人，人类进化又向前迈出了一大步。"

"为什么露西是'人类祖母'呢？"知奇哥哥又执着地问起这个问题。

故事 ⑦ 巧遇露西，无私传输时空能量

62

D叔笑着说："在南方古猿阿法种里面，最具代表性的是露西，'露西(Lucy)'骨骼是1974年在埃塞俄比亚发现的南方古猿阿法种的化石。露西的化石完整性达到40%，这是非常罕见和珍贵的。科学家们对露西的研究表明，它生前才20多岁，根据其骨盆推算其生过孩子，脑容量为400毫升，身高大概1.2米。露西是我们最著名的祖先，现代人也许是由她进化来的，故人们尊称其为'人类祖母'。"

今天的日记就写到这里了，请小朋友们继续跟随我们一起来探秘旅行吧。

D叔说完露西身长大概1.2米后，才意识到洛凡比露西矮。由于没有汲取胶囊能量，洛凡没有跟上恢复身高的速度。洛凡也意识到了，有些难过地低下了头。露西温柔地抚摸着洛凡的头，它的手掌出现了蓝色的光芒，那是胶囊的能量。D咕教授推测道："也许是它的祖先阿迪传递下来的。"洛凡感觉到自己的身体在拉长，她看着露西，而露西眼里则饱含着晶莹的泪水。蓝色光芒越来越强，当光芒消失的时候，露西也永远消失了……

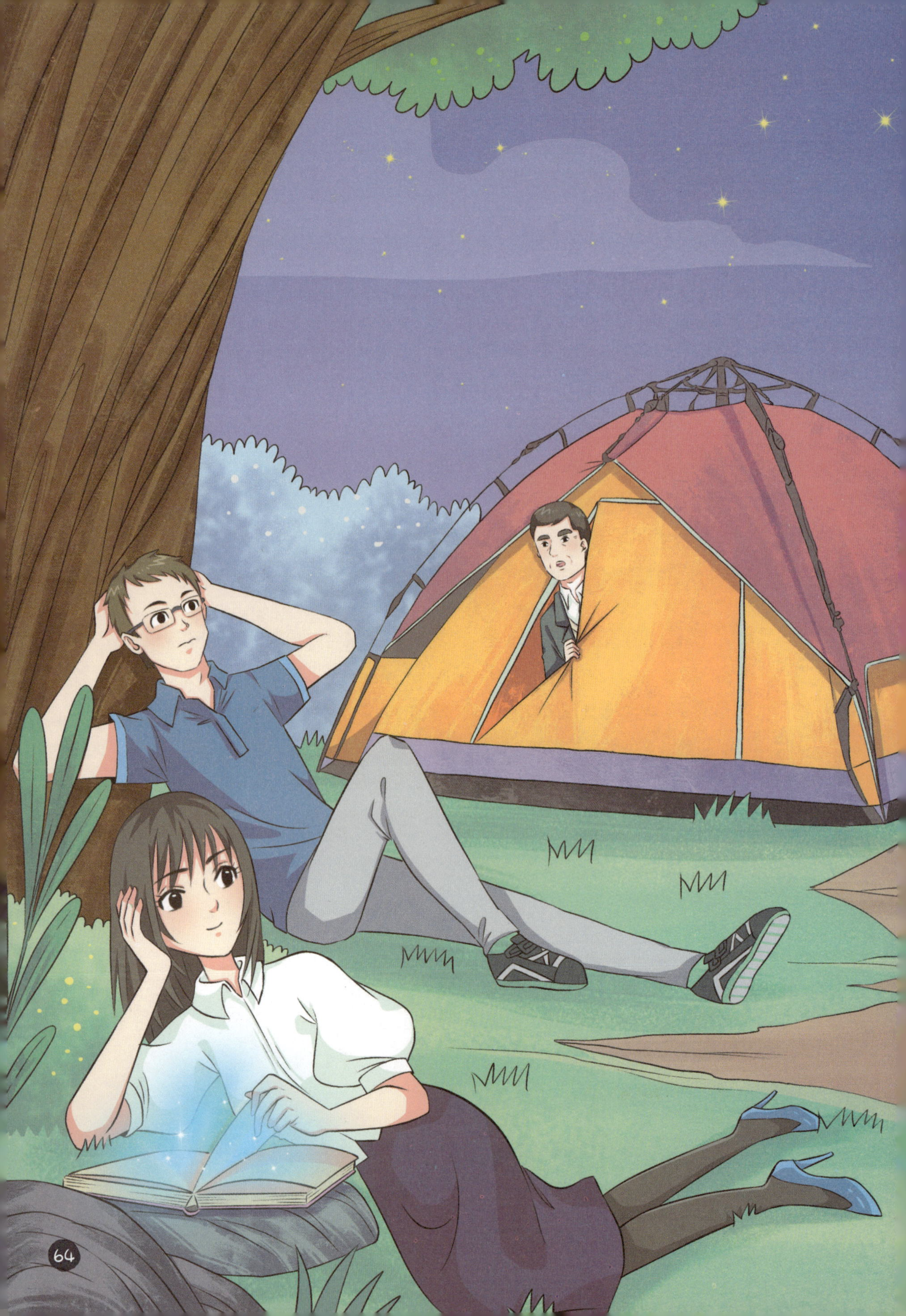

故事 8
兄弟携手，远古时代做师者

洛凡毫发无损地归来，露西又及时地传递了能量，这一场有惊无险的旅程，让所有人都心怀感恩。夜已深沉，在伊静的催促下，孩子们才闭上双眼。知奇睡梦中还攥着洛凡的衣角，他实在害怕大家又再分开。D叔虽然躺下了，但仍然睁着眼睛望着深邃的夜空，他想不明白黑暗隐者这一路到底要做什么，为什么这个黑暗隐者执意要破坏进化史上关键的环节。翻来覆去后，D叔决定无论怎样，在回龙城之前一定要追到黑暗隐者把这些疑问都解决。伊静打开幻本，期望它能再次给出寻找猪秘钥的线索，可惜的是，幻本此刻像小夜灯，在黑夜里安安静静地闪着微弱的蓝光。

D咕教授轻轻嘱咐D叔和伊静："都赶紧睡吧！不要被问题难倒，要相信问题一定会迎刃而解。"D咕教授平实的话语如醍醐灌顶，提醒了D叔：也许黑暗隐者与秘钥之间就有千丝万缕的联系。"新竹高于旧竹枝，全凭老干来扶持。"D叔用这句诗向D咕教授表达了谢意。大人们也终于在天际吐露鱼肚儿白前，陆续进入了梦乡。

　　"喔——喔——""吼——吼——"。昨夜睡得很晚，日上三竿的时候，D叔一行才被远处传来的呼喊声吵醒。D叔一个激灵翻起，仔细聆听着。"是什么声音啊？"伊静关切地问。D叔做了个嘘的手势，大家都保持了安静。过了一会儿，D叔像是跟D咕教授商量："应该是集体捕猎的声音。""是的，不止呼喊声，还有敲击声。"D咕教授点点头。"快，我们收拾好东西，跟上去看一下。"D叔吩咐完，孩子们赶紧帮忙迅速收拾好行李，因为他们对这声音的来源也充满了好奇。

　　D叔带着大家循着声音走到了树林和草地的边界。"我看到了，在那儿！"知奇遥指着前方一群原始人。它们中一些肩膀上扛着长长的带有尖锐头部的树枝，一些正提着刚刚捕杀到的羚羊。D叔示意大家先赶快蹲在草丛里，他压低声音道："看上去，真的是原始人类了。它们会集体捕猎、使用工具，还能直立行走。""那爸爸，我们为什么不追上去和他们交朋友？"知奇问。D咕教授帮忙回答道："原始人也不全是友好的。何况爸爸还没看清它们到底是哪一类。"

　　D叔思索了片刻，严肃地告诉大家："我们现在还没有恢复身长，比它们要矮，也没有它们强壮。大家还是小心为上。爸爸，伊静，你们带好孩子们，原地隐蔽。我先追上去，探个究竟。""D叔！"伊静明显放心不下，紧握住D叔的手。"放心，不会太久。知奇，用你的A咪梦联络我。"D叔讲完，就猫着身子，快步追上去了。

　　时间一分一秒地过去，对原地等待的人们来说每一秒都显得漫长。A咪梦接收到D叔的信号，"是爸爸！"知奇高兴地捧着A咪梦。大家都凑了过来，听着D叔的声音："它们是能人！居住在简陋的窝棚，你们往前直走，大约1千米。我在这儿等你们。"

　　虽然分开的时间和距离都很短，但大家再次汇合却仍然显得弥足珍贵。D叔兴奋地说起："它们是能人。能人的意思就是手巧、能干。它们是产生出现代人的早期人类类型。"洛凡说："叔叔，慢一点说。我得准备好！"

故事 8 兄弟携手，远古时代做师者

洛凡探索生命日记

能 人
——史前出现的第一个人

我以为我们身高都快恢复了，但今天D叔看到能人，一对比就知道我们还是"小个子"。D叔说能人是能干、手巧的意思。虽然它们的工具看上去没法与爷爷的马头拐比，但的确比之前我们遇到的猿类要进步许多。D叔已经开讲了，下面，我正式开始写今天的探索生命日记了。

"从地猿到南方古猿所代表的人类起源是一次进化上的飞跃，标志着人类家族与高等灵长类中的其他类群分化开来。接下去的一次飞跃是人类家族内部的飞跃：大约250万年前，更接近我们的类群——人属出现了。而能人就是史前出现的第一个人。"D叔继续说，"能人的主要特征是体型像猿，手指较长，善于爬树，牙齿粗大，嘴巴前伸，鼻头很小。身高1.4米左右。平均脑容量比南方古猿的大得多，最大脑容量有800毫升。能人不仅会制作石器，是目前所知最早能制造石器的人类祖先，还会猎食中等大小的动物，有了足弓，能走长路。"

能人的出现是脊椎动物进化史上的第九次巨大飞跃，脑容量突增，会制造工具。

"爸爸，那我们能听懂它们的语言，和它们对话吗？"知奇问道。

D叔面露难色，耸耸肩说："爸爸也不确定。爸爸能确定的是，虽然能人和南方

古猿比起来，躯干和四肢都稍显瘦弱，但依旧比现代人粗壮，尤其现在我们还没有恢复身高。刚才我们也看见了，能人已经有了主动狩猎的行为，而不像更早时期的南方古猿那样以水果为主食了。"

"所以，爸爸，你担心能人把我们当猎物吗？"亦寒哥哥一本正经地问道。

D叔笑了笑，说："也有这种可能。不过正是在人属的范畴内，人类才由能人进化出直立人，然后经过早期智人阶段和晚期智人阶段，最终形成我们现代人类。所以，对能

故事 ❽ 兄弟携手，远古时代做师者

人我们还是要保持敬畏之心。"

今天的日记就写到这里了，请小朋友们继续跟随我们一起来探秘旅行吧。

"那些草棚子就是它们的家吗？"洛凡问起身边的D咕教授。D咕教授和蔼地说："是的。它们虽然因手巧命名为能人，但毕竟是远古的祖先，能搭建简陋的棚子已经是非常了不起了。""啊，你好！哦……"，大家都好奇一旁的知奇在跟谁打招呼呢，D叔一看，吓一跳。原来一个小能人在草地里玩耍，与知奇碰了个满怀。微笑是通行人类世界的名片，知奇笑了，小能人笑了，亦寒和洛凡笑了，大人们也笑了。

小能人牵着知奇的手，带着D叔一行回到了自己的部落。大的能人们正在费力分割着刚刚捕获的羚羊，血淋淋的现场吓坏了伊静和洛凡。更让他们惊讶的是，生肉就这样被能人们放进嘴里。D叔解释说："茹毛饮血，是我们祖先生存下来的手段，也是一个过程。"

知奇和亦寒看着能人分割羚羊费力又辛苦，两人相视一笑，同时想起上个暑期野外生存夏令营时，老师教会的制作工具的方法。在几百万年前非洲开阔的草地上，兄弟二人手把手地教着小能人磨制薄薄的石片……

故事 8　兄弟携手，远古时代做师者

72

故事 9
钻木取火，知奇竟作燧人氏

轰隆隆的雷声，从天空的乌云向熟睡中的D叔一行人碾来。他们以为自己还在能人部落的草棚下栖身，雷声中醒来才发现能人早已消失，遮挡他们的只是森林中一片肥大的树叶。犀利的闪电，划破了夜空，像一把闪着冷冷银光的利剑，插向森林的古树。"快，亦寒，小白蛇！"D叔不止担心大家被即将到来的瓢泼大雨淋湿，他更害怕的是野外触电太危险。

小白蛇就地变形了防水屋，屋外雷声大作。知奇反复问哥哥："哥哥，小白蛇变出了避雷针没？"亦寒让他放一百个心。可惜他们现在看不见屋顶，小白蛇变形的蛇尾避雷针，美观又实用。"哗哗哗"，天空像破了一般，雨水倾盆而下。一道闪光后，守在屋内窗口的知奇说："看哪，那儿有团黄色的光。"雨太大了，窗户一直在被源源不断的雨水冲刷，闻声而来的D叔和D咕教授也分辨不清。洛凡紧紧地抱着被雷声吓坏的兔匪匪，说："亦寒哥哥，要是这窗口也有雨刷就好了，像汽车那样的雨刷。"亦寒还没有指示，小白蛇智能地将窗户外变形出了雨棚。

不一会儿，大家透过窗户终于看清了那黄光是一团正在燃烧的火焰。闪电击中了大树，整棵大树熊熊燃烧起来。这是怎样的奇观，水火并没有不相容。火焰有蔓延的趋势，伊静担心地问："会不会烧到我们这儿？"D叔摇摇头道："看样子，这大雨一会儿就会停。等雨停了，我们就离开。""雷公先唱歌，有雨也不多！"D咕教授刚说完。知奇歪着头笑爷爷："爷爷，您怎么不吟诗，改说谚语啦？"D咕教授："你爷爷啊，什么都能来两句呗。"听完这爷孙的对白，大家都乐了起来。

笑声中，雨势明显小了。乌云还没有完全散去，阳光就从它们的缝隙中洒下来。D叔一行人，赶快换好防水鞋，走出小白蛇的防水屋。亦寒正要让小白蛇变回原形，知奇和洛凡抢着说要看看小白蛇的避雷针。满足了弟弟和妹妹的要求后，亦寒让小白蛇到自己口袋里好好休息。起火的大树燃烧得只剩下躯干，幸好周围的积水，阻挡了火势的蔓延。D叔和D咕教授走到燃烧的树前研究，孩子们却发现了半空中浮现的巨大彩虹。

"哇，好美啊！"洛凡让兔匪匪跟着自己一起看。伊静闻着雨后清新又夹杂着一丝火焰燃烧后的烟火的空气，看着这巨大的彩虹桥延伸到远处的高树，觉得置身仙境一般。

D叔的话让伊静和孩子们从仙境回到现实："孩子们，你们要记住这棵大树现在的样子。要知道雷雨天气，在户外很危险。千万不能躲到高树下。""爸爸有时候真的挺扫兴唉！"知奇皱着鼻子轻声对亦寒说。还在查看大树的D咕教授，忽然后退。"怎么了，爸？"D叔诧异地问。D咕教授用马头拐指着树后的方向，他们看到一群人往大树走来。"匠人！"D叔和D咕教授异口同声。"哦。爸爸，他们是非洲人。"亦寒还想纠正爸爸和爷爷，因为他们皮肤黝黑又光滑。D叔摸了摸亦寒的头："他们是非洲人，你说的也没有错。"说完，D叔就走上前去，与前来的匠人们交流。

原来，匠人们是来取火种，被雷电点燃的大树，是他们主要的火种来源。D叔和D咕教授帮助他们取完火种后，招呼大家一起去匠人的部落落脚。

匠人已经非常接近人类，可以使用火了。D叔一行人和他们一起吃了火烤的食物。

故事 ❾ 钻木取火，知奇竟作燧人氏

知奇感慨终于尝到了肉香，D叔则抓紧机会告诉大家匠人的故事，毕竟在别人家做客，是要了解主人的。

洛凡探索生命日记

早期的直立人：匠人
——第一次走出非洲的人类

今天是在雷声中开启的。超级响的雷声吓坏了我的兔匪匪，幸好小白蛇变形的防水屋很安全。一道大闪电还击中了我们旁边的大树，大树熊熊燃烧起来。有一个问题我没明白，为什么大雨都没有浇灭大树火焰，可能也是雨很快就停了的原因吧。我们还在观看漂亮的彩虹时，D咕教授看到了匠人。D叔说他们是来取火种的，现在我们就在他们的家里做客。下面，我正式开始写今天的探索生命日记了。

D叔告诉我们，匠人属于早期的直立人，发现于非洲肯尼亚北部图尔卡纳湖，生活在190万~140万年前，成年身高估计1.83米，体型类似于现在的非洲人。身材高挑，腿部修长，臀部和肩膀较窄，是人类在炎热干燥条件下的理想体型，没有下巴，脸扁平而凸出。

匠人是由能人在非洲最先演化出来的，而后迁徙到欧洲、亚洲西部地区。匠人是第一次走出非洲的人类。匠人的胃较小，胸腔位于腹部之上，呈桶状。在形态特征上，匠人与人类更加接近，胳膊长度与人相似，不再像猿的胳膊那样，比腿长。随着捕猎的增多，脑容量增大，匠人学会了使用火，并用火烤熟根茎类食品或动物的肉。烤熟的肉，更利于消化和吸收，随着营养的有效利用，匠人的脑容量越来越大，并且更加聪明，甚至有了语言的能力。匠人的雄性身高更加接近雌性，这是与猿类的一大区别。匠人的脑容量稍大，比能人能够制造更加精细的石器，称阿舍利传统技术。匠人生活在干热的非洲，加之捕猎时不断跑动，为了使身体和大脑冷却，需要出汗，而出汗就需要裸露皮肤。匠人已经褪去了身体上的毛发，为了避免强烈紫外线的照射，褪去毛发的匠人，皮肤变得黝黑，而没有褪毛的黑猩猩的皮肤却是白色的。匠人的鼻端开始隆起，鼻孔扁大，利于吸入干热的空气，发育的鼻毛避免从肺中呼出湿热气体使水分流失。

匠人的出现是脊椎动物进化史上的第十次巨大飞跃，褪去体毛，学会用火。

今天的日记就写到这里了，请小朋友们继续跟随我们一起来探秘旅行吧。

D叔刚讲完，正准备休息的匠人们忽然忙碌起来。原来，乌云又像墨水般浸染了整

故事 ❾ 钻木取火，知奇竟作燧人氏

个天空。D叔一行人与匠人们一起去避雨。匠人建造的棚屋比能人的精巧了许多，能够为所有人遮风避雨。屋外，哗啦啦的雨又开始下了。最后一个匠人手拿着一个熄灭了的火把，垂头丧气地进了棚屋。其他的匠人脸上也跟随着流露出了无奈。D叔一行人明白，他们辛苦劳作取回的火种被雨水浇灭了。

"别难过，我有打火机，我可以送给你们。"知奇是一个行动派，说完就想从D叔背包里找打火机。"傻孩子，你在干什么？"D叔捂紧背包口。"爸爸，你不是一直教育我们要帮助别人吗？"知奇理直气壮地问。"哦！知奇，我们不能给他们现代的工具，我们不能干涉人类进化的历程。"D叔说，"哎，孩子，爸爸也想帮助他们。你能理解爸爸说的话吗？"知奇似懂非懂地点点头，两秒钟后，他抬起头："不给打火机，那我可以教他们钻木取火吗？"这个问题把D叔问愣住了。他还在思索是可以还是不可以时，D咕教授说："可以，知奇。爷爷支持你！"D叔向D咕教授投去疑问的眼神，D咕教授边准备钻木取火的材料，边回应："也许人类就是这样进化的呢。知奇做了一回非洲的燧人氏。"

D叔只能无奈地摇摇头，因为这个问题真的没有标准答案。知奇和亦寒则又是兄弟两人齐上阵，教匠人们如何钻木取火。两个小鬼头的手掌都磨起了水泡，仍然坚持着，大人们被他们两颗想助人的心感动着！

D叔漫时光

温馨提示：
涂出创意

D书墨香

温馨提示：扫码听故事

80

故事 10
黑影终现，匪夷所思目的亦显

"我们回到了龙城公园吗？"从睡梦中醒来的洛凡，打量着周围，惊喜地问。布满绿油油青草的山坡，坡顶高大的乔木洒落一片阴凉，坡底流淌着潺潺的小河。洛凡摇醒知奇："知奇哥哥，快醒醒，这里是不是上次我们放风筝的地儿啊？"知奇还闭着眼，没法回答洛凡。伊静笑眯眯地从河边打水归来："洛凡，我们还没有回到龙城。不过一早幻本就给出了强烈的秘钥提示音。相信你们很快就能回龙城公园放风筝了。"D咕教授拄着马头拐，已经绕了小山坡一圈："孩子们，去河边洗一把脸吧。神清气爽，而且今天的天气也好得很。"知奇呆呆地坐在那儿，看着D咕教授。"还赖床啊？"爷爷问。"哎哟，爷爷，我是在等您念诗呢！"知奇调皮地回答。D咕教授佯装要拿马头拐敲知奇的头，吓得知奇一个激灵就起身，拉着亦寒去河边了。"小心点儿！"伊静不放心孩子们，放下水壶，转身就跟着孩子们去了。

D叔从口袋里拿出胶囊，发现胶囊里空空如也。"也许能量已经释放完了！"D咕教授说道。"嗯！"D叔转念一想又高兴起来，"爸，那是不是意味着我们恢复了正常的身高？""对比这棵树，我觉得差不多了！"D咕教授边说边用马头拐指着他们身后的树木。

"那这胶囊的壳，不知道是否还有用？"D叔在纠结。"保留着它。探险之旅，我们不能放过任何线索和细节。何况黑暗隐者还在暗处！"D咕教授分析完。D叔用力地点点头，把胶囊再次放入口袋。

　　"孩子们！伊静！"D叔呼喊着他们，"告诉你们一个好消息。我们完全'长大'了！"三个小鬼头，高兴地伸出自己的小手，你看看我，我看看你，都蹦跳起来。"真好！我们恢复了身高，秘钥提示音也很强烈。"伊静感慨道，"D叔，我想我们还是抓紧出发去寻找秘钥。把孩子们安全带回龙城！"D叔深呼一口气，用力握住了伊静的手："孩子妈，我能理解你的意思。只是当务之急，我想追到黑暗隐者！"伊静脸色沉了下来，大家都陷入了沉默。小大人亦寒冷静地说："E博士爸爸也在追踪猪秘钥。"亦寒的话，让D叔更焦虑起来，茫茫时空中，去哪儿追寻黑暗隐者，又如何占得先机，取得猪秘钥？

　　突然，呐喊声、哭泣声不绝于耳。D叔迅速让大家躲到大树后。坡底河流对岸，两群直立人正在争斗，他们的周围漂浮着不同寻常的薄烟。争斗异常惨烈，直立人竟然用长矛彼此刺杀，血流成河，哀号遍野！伊静不忍直视，她和D咕教授都努力捂住孩子们的眼睛。D叔一个劲地摇头："不会的，不应该。海德堡人不会这样残忍。"被捂住眼睛的知奇还不停地发问："是吃人族吗？爸爸，他们会吃我们吗？"D叔没有回答知奇，他忽然冲出大树："烟有问题！那烟有问题。亦寒，快让小白蛇变形超大鼓风机！"

　　D叔一行人乘坐在小白蛇变形的鼓风机上方的驾驶舱内，飞到战场，驱散了烟雾。烟雾驱散后，争斗的双方都陆续丢弃手中的武器，战斗很快平息。D叔一行人赶快帮忙救治伤者，让大家更意外的是，争斗的并不是两个族群的人，他们本来就是一个家族的。"是谁对他们施了这种残忍的魔法？"洛凡边哭边问。知奇有些生气地看着亦寒："肯定是你的E博士爸爸，你还叫他爸爸！""没有证据，不许你胡说！"亦寒更生气地回应。"好了，都不准吵架。现在是需要你们一起帮忙救海德堡人的时候！"D叔第一次超级严肃地批评了两兄弟。还好海德堡人的争斗没有持续多长时间，加上D叔一家带了现代的药物，受伤的海德堡人们都得到了有效的救治。

　　"太危险了。如果今天没有我们的救治，大部分受伤的海德堡人都会感染而死亡！"D叔有些劫后余生地感慨，"让他们迷失心智的烟雾从何而来？难道真的是黑暗隐者，他目的何在？"伊静有些心疼地轻轻拉了D叔的手："你一直在纠结这个问题。我相信你，也相信时间，谜底总有一天会解开。不要钻牛角尖了，给孩子们讲一讲海德堡人吧！"D叔感激地看着伊静，她总能在关键的时候，抚慰自己。

故事 ⑩ 黑影终现，匪夷所思目的亦显

洛凡探索生命日记

晚期的直立人：海德堡人
——第二次走出非洲的人类

　　今天是跌宕起伏的一天。清晨醒来，我还以为回到了美丽的龙城公园。D叔说我们今天恢复了身高，伊静阿姨说幻本一早给出了强烈的秘钥提示，这些都是超级棒的好消息。然而好消息没持续多久，我们就听到了哭喊声和打杀声。阿姨和爷爷捂住了我们的眼睛，我没有看到什么，但后来D叔让小白蛇变形化解了双方的战斗，我们一起帮助救治受了伤的海德堡人。幸运的是，D叔说我们的救治不会让他们因伤失去生命。下面，我正式开始写今天的探索生命日记了。

D叔首先说："距今200万年前，匠人（早期的直立人）在非洲出现，这是人与猿之间的分水岭，直立人阶段持续到20万年前，才开始现代人阶段。直立人阶段的许多问题仍无定论。一般认为，在约80万年前，在非洲的匠人进化出海德堡人（晚期的直立人），由于气候变化等原因，而大量迁徙，最终海德堡人走出非洲，这是人类第二次走出非洲，先后来到欧洲和亚洲西部，从时间上看，欧洲海德堡人早于亚洲直立人。这时，直立人遍布在非洲、欧洲和亚洲，50万年前在亚洲出现北京猿人。"

"哦！所以，爸爸，海德堡人是匠人的后代吧。难怪我觉得他们长得像呢！"知奇哥哥说道。"嗯，可以这么说。那知奇，你说说看，海德堡人有哪些地方与匠人不同呢？"D叔又向知奇提问了。

"我感觉海德堡人很强壮，他们还学会了生火，这个很厉害！"知奇哥哥还竖起了大拇指。

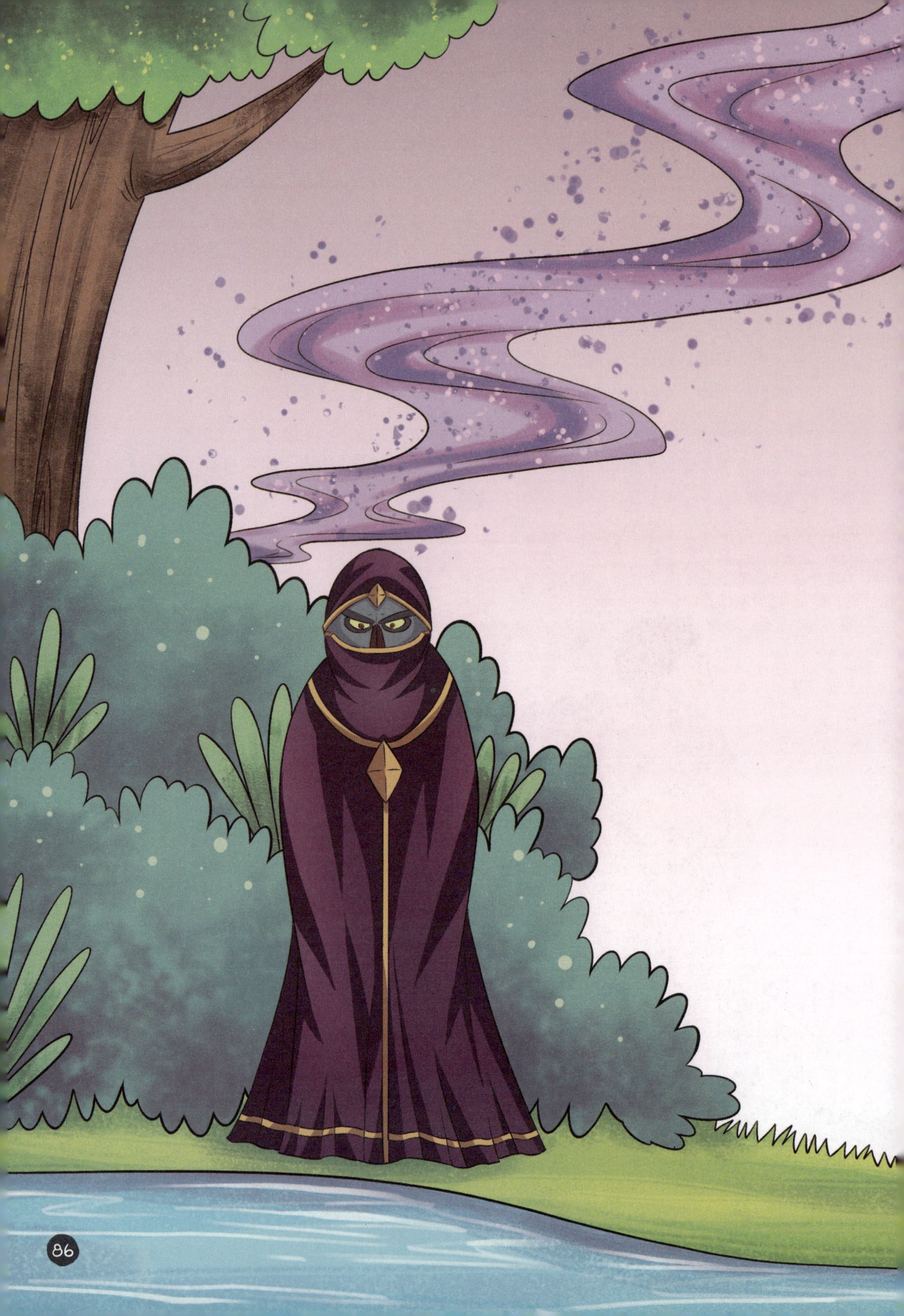

"很好。海德堡人拥有较大的脑容量，大约是1100毫升到1400毫升（现代人类脑容量的平均值为1350毫升），也拥有较进步的工具。除此之外，海德堡人男性的平均身高为1.8米，相对强壮。"D叔刚说完，知奇就迫不及待地说："可是，爸爸，我觉得您还没有那个海德堡人高！"知奇哥哥这是嫌弃自己的爸爸矮吗？亦寒哥哥针锋相对："拜托！爸爸说的是平均身高1.8米！"知奇嘟嘟嘴，不说话了。

"现代有证据研究表明，海德堡人身材高大而强健，能用木杆制成长矛，能合作猎杀大型动物，他们能用语言简单交流。其实我宁愿今天没有亲眼看见他们如何使用长矛！"D叔越讲越伤感了。还好，他很快从伤感情绪中恢复，最后总结说："海德堡人是相对比较庞杂的一个类群。一般认为，因气候等原因，海德堡人分为两支，一支为欧洲海德堡人；一支为非洲海德堡人。在冰期时被隔离在欧洲的海德堡人，演化成了适应寒冷生活的尼安德特人。非洲海德堡人，在30万年前演化出了晚期智人，简称智人。智人才是我们的直接祖先。"

今天的日记就写到这里了，请小朋友们继续跟随我们一起来探秘旅行吧。

"不好，河面上升腾起的是迷雾吗？"D咕教授首先发现了异样。D叔警觉起来，他不顾伊静的劝阻，奔跑到河边。然后他回头警告所有人，包括海德堡人，不要靠近。因为这升腾起的迷雾，正是白天让海德堡人迷失心智的毒烟。"D叔，你能不能不要每次都破坏我的好事！"河流对岸，黑袍加身的黑暗隐者此次直面着D叔发问。"你为什么要这么卑鄙，一次又一次想让物种灭绝。尤其是我们人类的祖先？"D叔终于问出了纠结于心的问题。"你怎么如此执迷不悟？人类，是地球的毒瘤！我们应该让这毒瘤永久地消失在生命进化史上！"黑暗隐者的回答让D叔惊讶不已。"是我执迷不悟，还是你执迷不悟？"D叔反诘。烟雾越来越浓，D叔呼唤亦寒让小白蛇准备变形。黑暗隐者也许是知道自己此刻阴谋难以得逞，抑或不敢面对亦寒，他黑袖一拂，随烟雾一起消失在茫茫黑夜中……

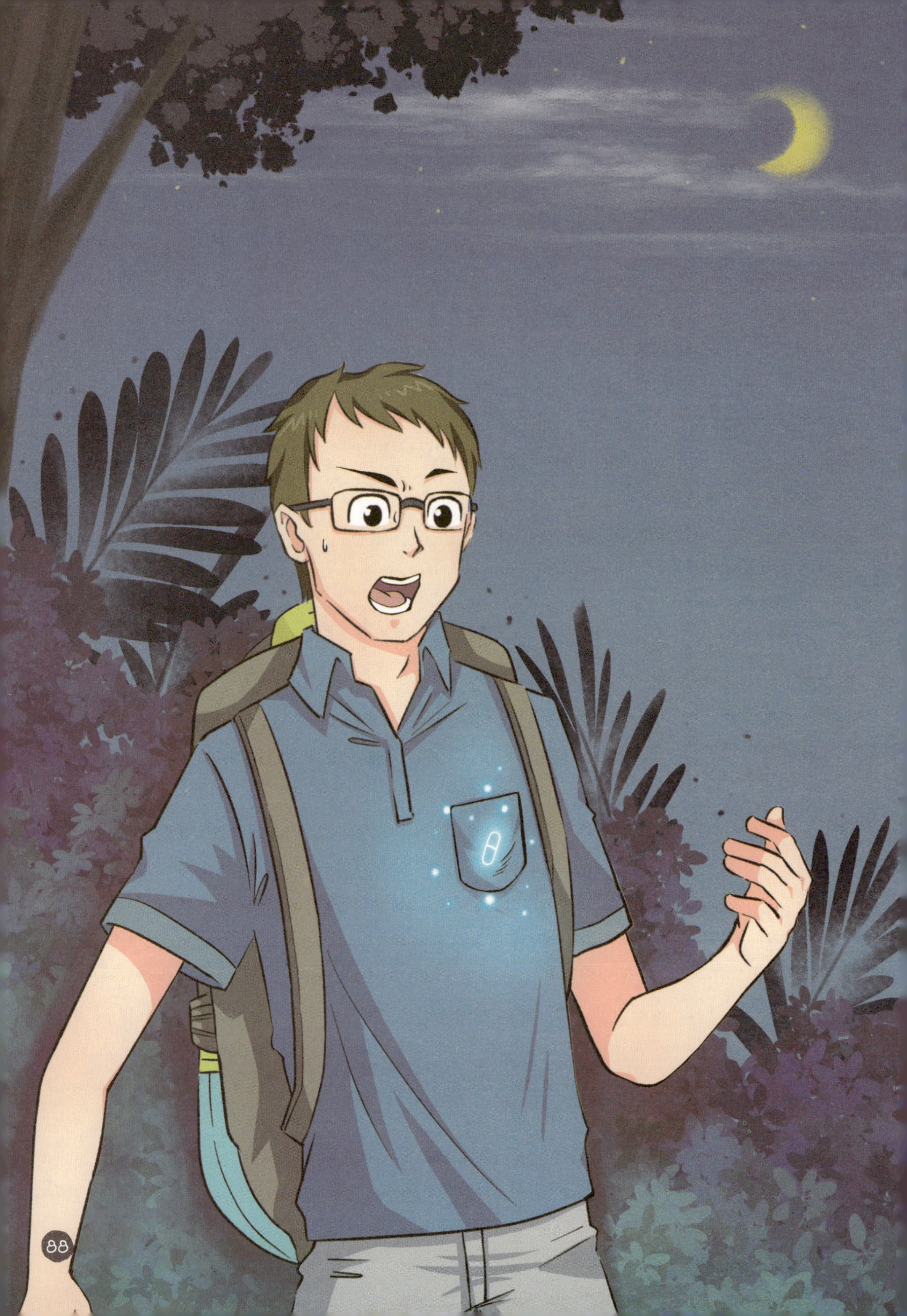

故事 11
误入葬礼，众人领会人类告别

"爸爸！"亦寒的声音从D叔身后传来，"你让小白蛇变形是为什么？"亦寒的呼喊才让D叔从黑暗隐者的消失中清醒过来。他回过身，摇摇头："不用了！烟也散去了。大家可以安心休息了。""爸爸，你胸口在发光！"知奇奔过去，抱着D叔，他害怕这光也有毒。D叔微笑着说，"没事！"他从胸口口袋取出胶囊。浓浓夜色中，胶囊加紧释放着能量，闪烁着悠悠蓝光。D叔一行人齐聚在一起，蓝色光芒渐渐耀眼，他们还没来得及与海德堡人告别，就被胶囊力量裹挟着去往不知名的地方。

光芒散去，恢复意识的众人明显感觉到凉意。"这是哪儿？大白天都挺冷。"知奇边说边学爸爸和爷爷，打量周围。"在春天的话，这里应该是一片肥美的草域。"D叔一边说着一边从背包里拿出望远镜继续观察。"可是现在这些草有些发黄呢！"小洛凡皱着眉头说，"看，兔匪匪还在东挑西拣。""咯咯"，知奇看着兔匪匪的模样笑起来，"兔匪匪啊，你吃草的表情，让我想起一个成语——味同嚼蜡。"亦寒前后打量着周围稀疏的草地，小手放入口袋抚摸着小白蛇，犹豫地问爸爸："爸爸，我们要在这儿扎营吗？"D叔放下望远镜，摇摇头道："看那干涸的河道。我们不能停留在这里，远处有山峰。我想那里会有林地，也可能会有水源。"知奇突然兴奋起来，说："如果没有水源，我们还可以像上次探险之旅一样，收集露水！"

目标定下，众人整理行装，向远处行进。

微风透着凉意，沿路都是即将衰败的枯草、干涸的河道。亦寒嘀咕，都看不到什么动物。D咕教授感叹："我希望只是季节的变换而已。""爸，我知道您担心的是什么！"D叔刚回应完，洛凡追问："爷爷，您担心的到底是什么呀？"D咕教授叹了一口气说："哎，我担心我们到了远古气候变化迅速的时期。"D叔宽慰道："不要紧张，爸。总有生命适应这变化的气候。""是啊，爷爷，我们有小白蛇，寒冷或酷暑，它都会帮助我们的。"亦寒对小白蛇寄予了厚望。伊静则沿路关注着可以收集的食物和水，可惜除了有兔匪匪的食物外，就没有其他可以收集的对象了。

也许是带有凉意的天气，让大家此程走起来步伐都快了许多。灌木、树木渐渐都多了起来，D叔一行人终于来到了群山脚下。大家正想坐下休息一会儿，伊静幻本突然响起了"猪—秘—钥"的提示音。"D叔！"伊静向D叔投去商量的眼神。D叔会心一笑：

"哦，刚好大家也累了。你们都在这儿休息一会儿。我去周围看看，也许能发现秘钥呢。"刚坐下的洛凡，站了起来："叔叔，我跟您一起去吧。黑暗隐者一直让我寻找秘钥，是不是我身上有秘钥的线索呀？"洛凡的毛遂自荐，让D叔又惊喜又感动："的确，黑暗隐者费力抢走洛凡为的就是寻找秘钥。"想到这儿，D叔点点头。"那我也去，我不累！"知奇也蹦起来，同时站起来的还有亦寒。"好吧，好吧！你们仨就跟着我。"D叔心里充满了温暖，"伊静，你陪爸在这里休息。我们也不走远。"

这山脚下的灌木和林木，明显与前几日的不同。也许这里的气候要寒冷许多，大部分树叶都是针状叶，扎得三个小鬼头哇哇叫，D叔只能用激将法："既然毛遂自荐上战场，可不能轻伤下火线。""爸爸，那里有个山洞！"知奇指着前方一个黑黝黝的洞口。D叔让孩子们原地待着，他三步并两步前去洞口打探。孩子们看着D叔消失在洞内，眼巴巴地等待D叔快出来。还好，不一会儿D叔走了出来。"洞里有什么？"知奇抑制不住好奇。"我没有深入看，但比较干燥。我怀疑是以前熊的洞。"D叔推测，"我们去喊爷爷和妈妈。今夜我们在洞里落脚。""那万一有熊回来怎么办？"知奇担心地问。"小知奇，要信得过爸爸。爸爸说了那是熊以前的家！"D叔笑着回答。

夜色暗了下来，D叔一行人戴着头盔与头灯，将山洞点亮。"爸爸，这里有很多整齐的小石头。"亦寒发现了地面上不一样的地方。D叔观察后，喃喃自语："真的，这是被人有意排列过的。""这洞内有主人！"D咕教授指着地面上燃烧过的火堆。"会不会是熊？"知奇吓得拉紧旁边的洛凡。"是人啦！熊怎么可能点火。"亦寒大声回答。

"嘿！"从洞内走出一个举着火把的矮个子原始人，看到D叔一行人，他明显受到了惊吓。D叔也吓了一跳，但他很快镇定下来。"尼安德特人？"D叔呼了一口气，"这是尼安德特人的家。"从洞内陆陆续续走出了更多的尼安德特人，他们皮肤白皙，个头矮小，大鼻头，小鼻孔，看上去就更接近现代社会的人类。D叔和D咕教授慢慢走上前，尝试各种交流方法，表达着友好。

尼安德特人接受了D叔一行人，他们带领着众人往更深的洞内行进。经过一段狭长的过道，迎接大家的是豁然开朗的洞内天地。温暖的火焰在火堆上方跳跃，冰冷的石台被兽皮覆盖着，让孩子们感到有些害怕的是洞里还摆放着一些动物的骨头和牙齿。D叔一行人表达过谢意后，在远离骨头和牙齿的一旁休息。D叔告诉孩子们，尼安德特人的祖先是他们昨天救的海德堡人，尼安德特人是现代人祖先的"堂兄弟"，除非洲人之外的欧亚大陆现代人均有1%~4%的尼安德特人基因。"难怪他们对我们很友好。因为我们昨天才帮助他们的祖先驱散了毒烟。"知奇说。

故事 11 误入葬礼，众人领会人类告别

早期智人：尼安德特人
——智人的"堂兄弟"

今天，我们在胶囊的力量下，来到了一个有点冷、有点衰败的草原上。兔匪匪很不情愿地吃了一些枯草。D叔带着我们跋涉到远处的山脚下，知奇哥哥发现了一个山洞。D叔说那是熊以前的家，现在我们就在这个山洞里，可是现在这个山洞是尼安德特人的家了。下面，我正式开始写今天的探索生命日记了。

"尼安德特人，也称为尼人，是一种在大约40万到3万年前居住在欧洲及西亚的古人类，是由欧洲的海德堡人进化来的，属于早期智人，可以说，是智人的'堂兄弟'。他的头骨和其他骨骼化石，在1856年发现于德国杜塞尔多夫附近尼安德特山谷的一个山洞中，因此而得名。"D叔说，"尼人的分布很广泛，他们的遗迹从中东到英国，再往南延伸到地中海的北端，甚至远至西伯利亚。"

"正如我们看到的，尼人们生活在洞穴中，所以又被称为'穴居人'。身材短粗，身高大概在1.50~1.65米之间，体格敦实。后脑勺明显突出，脑容量最高达1750毫升。四肢粗笨，肌肉发达，骨骼强健，大腿明显长于小腿，鼻端突出，没有下巴颏，如果单打独斗，智人绝对打不过尼安德特人。尼人以食肉为主，下颌骨粗壮。他们皮肤白皙，有利于吸收适量的紫外线，保持维生素D的转变。这也是对寒冷气候的适应。"

D叔饶有兴趣地说:"尼安德特人在20万年前,统治了欧洲和亚洲西部,大约3万年前消失在历史长河中。他们消亡的原因一直是科学家们有争议的话题。"

"那爸爸,尼安德特人到底是为什么突然灭绝的呢?"亦寒哥哥想问清楚。

"哦。这是一个还没有定论的科学研究。爸爸只能告诉你其中一种推测,因为尼安德特人语言能力差,不善于沟通,所以不善于团队作战,加之跑得不快,在与智人的屡次对抗中,后来被智人打败。尼安德特人被迫到环境极其恶劣的地方生活,再加上食物等方面的断缺,最终消亡了。"D叔说完,大家都很难过。

今天的日记就写到这里了,请小朋友们继续跟随我们一起来探秘旅行吧。

清晨,洞内的尼人们发出了哀号。伊静搂着有些害怕的孩子们。D叔和D咕教授上前关心发生了什么。原来,是尼人们的一位老者去世了。老者的后代们擦拭完眼泪后,轻轻把老者抬到一张兽皮上,再将一些动物骨骼和牙齿、贝壳摆放在老者身旁。七八个尼人抬着逝者,往更深的洞内走去。其他尼人悲伤地跟在后面,D叔一行人也肃穆地跟着队伍。

转过几个弯后,高耸的洞壁竖立在眼前。尼人们把老者放在地面,然后匍匐,向老者致敬。D叔一行人也入乡随俗。尼人的语言并不丰富,短暂的悼念后,就齐心协力把老者放入洞壁上的岩缝中。

听完D叔讲解尼人灭绝的命运,又亲眼看见老尼人的溘然离世,孩子们都陷入了沉思。D叔和伊静分别搂着他们:"生命就是如此,不会常青。但重要的是在有限的生命里,发挥出无限的价值!"这些关于生命的感悟对孩子们来说也许还有些深奥,还需要时间去感悟,但胶囊却抓紧时间释放能量,带着D叔一行人告别了尼安德特人……

故事 12
钥匙图腾，旅程终点亦是起点

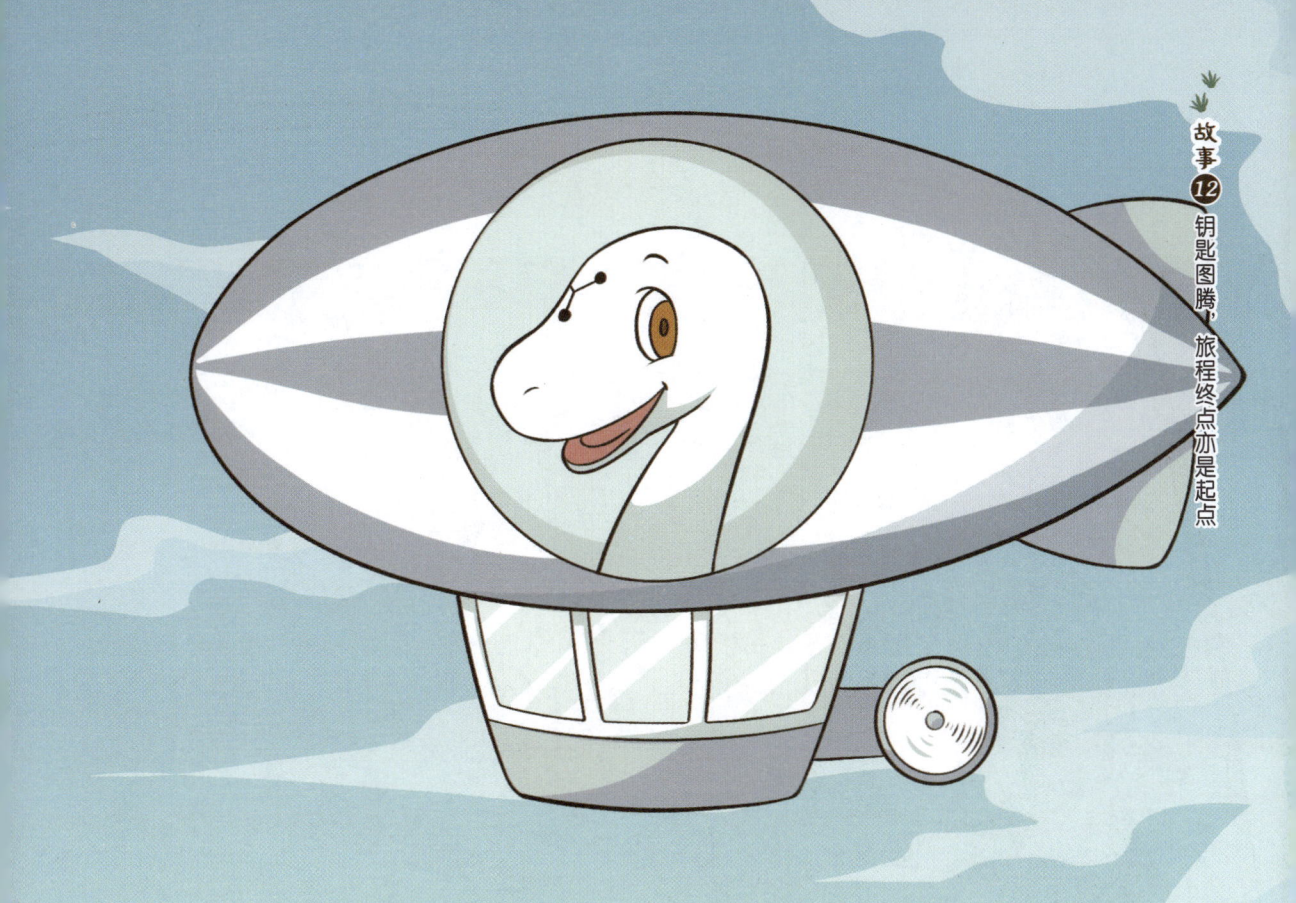

故事 ⑫ 钥匙图腾·旅程终点亦是起点

　　远在天边的太阳，洒下了清冽的阳光，映射在高高的雪山上，反而更添寒冷。D叔一行人一早就被冻醒了，伊静从背包里拿出衣物，但行程匆忙，厚重的冬装并没有随身带来。每个人穿了很多件衣裳，却都抵挡不了这刺骨的寒冷。孩子们的小鼻子都冻得红通通的，知奇不停地哈气，也不停地问着："我们在南极，还是北极？"

96

经常在野外工作，饱经风霜的D叔，正拿着仪器进行测量。他抬起头，眉毛都被风雪染白，这个模样逗乐了大家。空旷的茫茫雪原上，笑声显得格外动听。"我们哪，不在南极也不在北极。只是来到了地球的冰川纪。"D叔收好仪器，"亦寒，让小白蛇变形飞船。这个时期的地球，冬季异常漫长，气候寒冷。我们置身野外，撑不住的。"

"哇，好暖和！"众人终于在飞船内得到了喘息，小白蛇拼尽不多的能量，还是为大家设置了温暖的壁炉。D叔在驾驶舱内，控制飞船飞往温暖的地带，亦寒也在驾驶舱内紧张地关注着小白蛇的能量指示器。他们脚下的土地，白雪渐渐褪去。代表生命的绿色渐渐成为主旋律，碧绿又蜿蜒的河流像缠绕在大地上的玉带。"爸爸，我们到草原了吗？"亦寒问。D叔降低飞船高度，仔细辨认后说："应该是苔原，或者叫冻原。"主舱里的幻本发出了强有力的"猪——秘——钥"提示音。伊静捧着幻本来到驾驶舱。"哦！妈妈，它都要把我耳朵炸聋了！"亦寒嫌弃地捂住耳朵。D叔高喊："大家做好准备，我们要在这里降落了。秘钥很可能就在附近。"

亦寒迅速将小白蛇变回原形，它的能量濒临用尽，此刻需要休眠。"这不是草，知奇哥哥。它们都很矮，像苔藓一样。"洛凡放下兔匪匪，兔匪匪东蹦蹦、西跳跳，还有些挑食。"不管是不是草原，反正我们不用被冻死了。"知奇也学兔匪匪蹦了蹦，暖和一下自己的双脚。冻原上的风吹过来，还是带着强劲的寒意。D叔环顾四周，远处连绵的高山像一道金边镶嵌在冻原。幻本此刻只闪烁光芒，停下了刚才强有力的提示音。

"我们往那边高山行进，争取天黑之前，在山脚下落脚。"D叔说完，背起背包。D咕教授也拄好马头拐，准备开始新一轮的跋涉。"早知道，我们可以让小白蛇带我们去山边啊！"知奇看着亦寒。亦寒翻了个白眼："小白蛇进入休眠状态了。它已经很累了。""看！

看！"洛凡惊呼指着前方。那是乌泱泱、异常壮观的成群驯鹿和野马在游荡。孩子们兴奋不已，大人们也感觉到别样的生机勃勃。D咕教授说："你们那，看到这些就高兴得不得了啦。那万一亲眼见到猛犸象呢？""爷爷，你说的是真的吗？是冰河世纪电影里的猛犸象吗？"洛凡激动得眼泪都快出来了。"小洛凡，爷爷是推测。因为毕竟我们现在就处在冰川纪。"D咕教授说着，"所以，孩子们，加油往前冲吧。"三个小鬼头撒了欢的拔腿奔跑。伊静笑着对D叔说："哄小孩，还是爸有高招！"

美丽的景色，远古的动物群落，甘洌的清泉，让这一段路途显得没那么艰难。夕阳西斜时，他们到达了山边。"这里有人居住呢。"知奇说完，指着地上的篝火堆。而火堆旁还晾晒有各类兽皮，"爸爸，山上有洞！"亦寒指着洞口，呼喊D叔。那是一个巨大的洞口，洞口一半被兽皮和树枝遮挡。亦寒的呼喊惊扰了洞内的主人，兽皮和树枝做成的栅栏后方，陆续出现了一些女人和可爱的孩子的脸庞。她们的脖子上都戴着别具风格的野兽牙齿项链，孩子的脸庞红润又饱满。D叔微笑着，想表达友好，还没开口，一根尖锐的矛已经指向自己的脖子。D叔一行人吓坏了，才反应过来大家已经被狩猎归来的高大的科罗马农人包围。

伊静的幻本突然强有力的"猪——秘——钥"打破了尴尬和平静。克罗马农人的首领，走到D咕教授面前，叽里呱啦不知道说的是什么。D咕教授看起来要比克罗马人矮不少，D叔心里紧张得不行。他想走到D咕教授身旁，但尖锐的矛头正指向自己，让自

己动弹不得。D咕教授冷静地，微笑并俯身表达尊敬，然后也叽里呱啦说了一通。克罗马农人首领粗壮的手臂一挥，其他的克罗马农人都簇拥着D叔一行人往山洞内走去。孩子们和D叔夫妇发自肺腑地无比崇拜D咕教授，有许多问题都没有机会向他讨教，因为他们现在的主要任务，就是做好克罗马农人的客人。

洞内温暖又舒适，洞底铺满了用兽皮做的地毯，篝火堆已经点燃，烤肉大餐正在有条不紊地准备。知奇咋了咋舌头，洛凡也吞了好几口口水。洞壁上刻了许许多多精美的壁画，掘出的一个一个小洞都摆放了克罗马农人自己雕塑的艺术品。洛凡拉着亦寒感慨："亦寒哥哥，这里比小白蛇的飞船还舒适。"亦寒也不由自主地点点头。

D咕教授和D叔一起，与克罗马农人用手势和发声，尽最大可能地交流着。伊静则夸赞女人们漂亮的耳饰和项链，孩子们则一起享用着烤肉大餐。洞外，下起了鹅毛大雪，但又如何，这些都阻挡不了洞内人类的友好与温情。

夜深了，克罗马农人们铺好床铺，睡去了。D叔一家的心情却久久不能平复，三个小鬼头都期待着D叔的开讲，他们太想了解这群新朋友们的故事了。

晚期智人：现代人的直接祖先
——第三次走出非洲的人类

我们今天在茫茫的雪原上冻醒，是小白蛇拼尽最后的能量把我们带到了苔原。苔原上，虽然没有肥美的青草，但兔匪匪还是饱餐了一顿。我们还看见了成群的驯鹿和野马，但没有遇见爷爷说的猛犸象。不过这些都不重要，因为我们结识了新朋友——克罗马农人，他们是我们直接祖先——晚期智人的"亲兄弟"。智人的出现是脊椎动物进化史上的第十一次巨大飞跃，学会生火，有了语言。

他们对我们友好，请我们吃了烤肉大餐，还邀请我们住在他们温暖又舒适的家。下面，我正式开始写今天的探索生命日记了。

现在我就讲一讲克罗马农人。

"克罗马农人是晚期智人的一个分支，就像我国的山顶洞人一样，他们创造了非常辉煌的冰河艺术，我们也称之为欧洲狩猎者艺术。晚期智人是第三次走出非洲的人类。你们也看到了，克罗马农人个子非常高，身体也很强壮。它们是由非洲的海德堡人进化而来的，男性平均身高1.82米，脑容量约为1600毫升；女性平均身高1.67米，脑容量为1402毫升。"D叔刚说完，知奇哥哥挠挠耳朵说："爸爸，上次你说我们现代人类脑容量平均1300多毫升。那克罗马农人比我们还聪明呢。""肯定比你聪明。你能雕塑那么美的作品吗，你画的画也没有这壁画漂亮啊！"亦寒哥哥又怼起来了。哎，两个哥哥可能就是相爱相杀吧，我也没有办法！

　　D叔笑着继续说道："任何艺术的高峰，都是以一定的物质基础和文化积累为前提的。克罗马农人已经能够完全站立，动作迅速灵活，四肢发达，擅长雕塑和绘画，但他们并不是现代欧洲人的直接祖先。你们也看到了，他们的头骨大且粗壮，头顶隆起。在现代，我们通过化石分析，他们的头骨较现代人厚，额部宽而高，眉弓很粗壮，但不连续。他们的大腿骨粗壮，股骨发达，胫骨扁平，所以善于奔跑。他们的语言发达，群体性强，幸运的是今天爷爷能够迅速学习到他们的发声，尝试进行了沟通。"

　　"克罗马农人首先适应了冰期严寒气候，他们在人类的种群中逐渐占了上风，然后开始陆续进入东欧，自东而西地横扫尼安德特人。其中的一支大约在3.5万年前到达欧洲西端的大西洋边，并导致了尼安德特人的最终灭绝。"听到尼安德特人的灭绝，大家都有些伤感。D叔安慰大家："这就是生命进化历程，我们不能去改变。"

　　"克罗马农人已经掌握了捕猎大型动物的技能，并以草食类动物，特别是像乳齿象、猛犸象那样重达1吨以上的大型草食类动物为主要狩猎对象。丰富的蛋白质摄入，让他们身体和智力都快速发展，并且极大地改变了他们的生活方式和生存模式。"D叔说，"虽然地球处于冰川纪，但在靠近大西洋、地中海、黑海和里海低纬度的平原地区或丘陵地带，由于海洋性气候的影响，气候比较温暖，尤其是法兰克−坎塔布利亚地区，这些地方便成了动植物的避难所。克罗马农人高超的狩猎技能，在这些地区得到了充分展现。这个动植物的'伊甸园'也成了克罗马农人的'伊甸园'。"

　　D叔看着四周的壁画，告诉我们："从游猎到定居，很可能克罗马农人从族群发展到氏族阶段，具有了图腾意识，形成某些萌芽状态的文明社会形态。"

　　"那爸爸，今天接待我们的这个族群，他们的图腾崇拜是什么呢？"亦寒哥哥的问题，D叔没有回答。他和D咕教授轻轻站起来，仔细观看壁画，也许答案就在壁画里吧。

　　今天的日记就写到这里了，请小朋友们继续跟随我们一起来探秘旅行吧。

　　孩子们都打起了哈欠，饱饱的晚餐，奔波的劳累还有温暖的火焰，让他们都很快沉入了梦乡。大人们则还在挂念秘钥的线索。伊静担忧D咕教授父子二人劳累的身体，提醒他们尽早休息，明天一早再出去搜寻。D叔点点头，刚躺下，发现毛茸茸的兔匪匪不老实，竟然偷偷从洛凡怀里跑出来。他不想惊扰众人，轻轻起身，蹑手蹑脚地追着兔匪匪。兔匪匪一个跳跃，跳到了洞壁下的石台。D叔定睛一看，石台上方是一幅精美绝伦的壁画：粗大的象牙，硕大的牛角，克罗马农人手牵手跪拜在地，而他们跪拜祈福的对

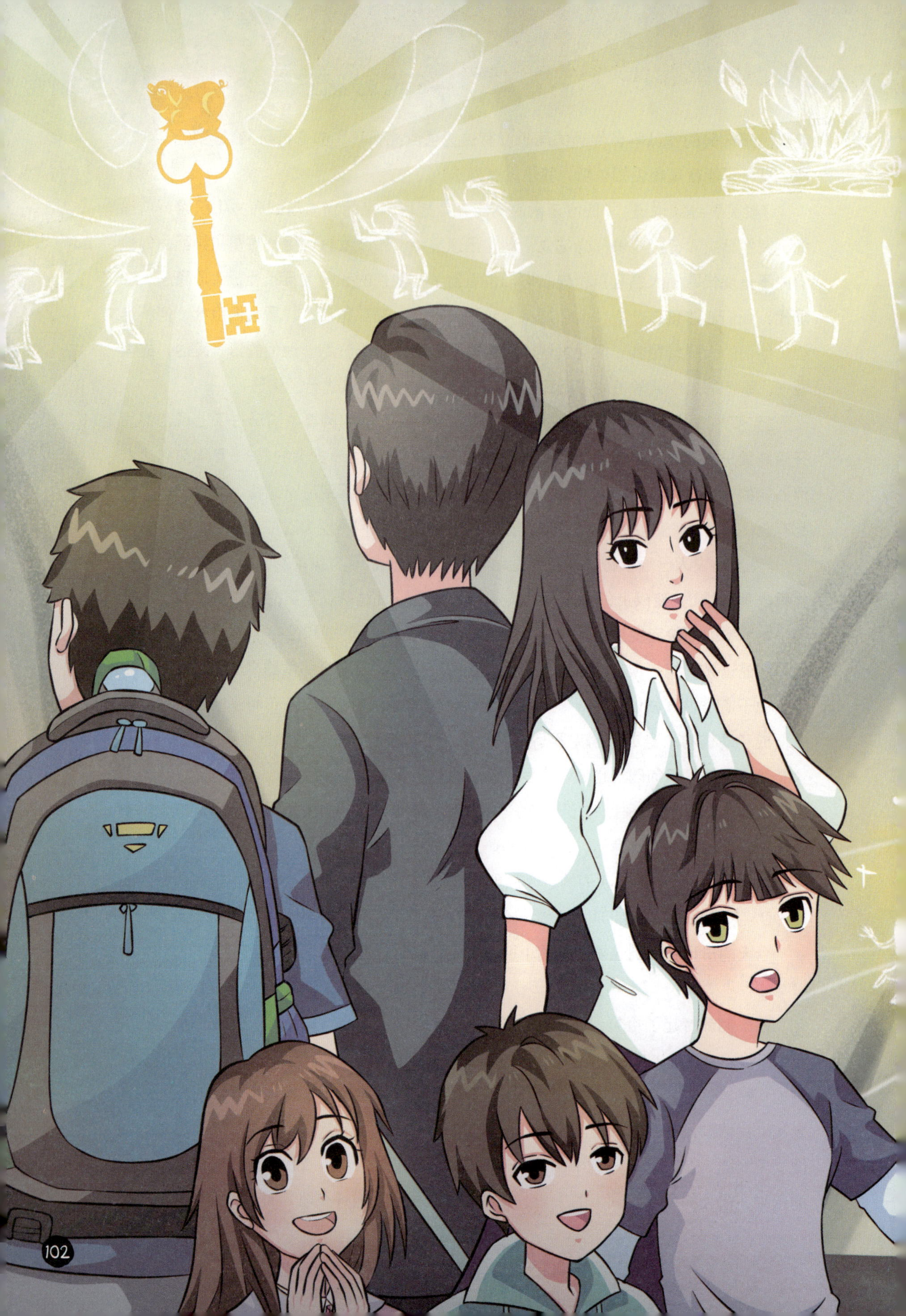

象，正是神奇的生肖猪秘钥。D叔不敢相信自己，他擦了擦眼睛，再次确认正是他们苦苦追寻的秘钥。兔匪匪再次跳跃仿若激活了壁画上的秘钥，它开始发射金色的光彩，兔匪匪的三瓣小口叼下了这枚秘钥。D叔迅速挨个叫醒众人，压低声音，示意不能惊醒克罗马农人。洛凡怀着期待又不舍的心情，将秘钥插入了幻本……

"是不是秘钥失效了，我们还在山洞！"知奇惊慌失措地说。"哎呀，肯定是我忘了在幻本上写下龙城字样。"伊静妈妈充满悔恨地说。"没事，不要着急。秘钥和幻本都在，大不了我们再试一次。"，黑暗里D叔稳定的声音回响在山洞。

光线渐渐亮起，叮咚、叮咚的水滴声，哗啦、哗啦的绿叶声，呜呜、呜呜的风声，让众人恍然大悟，他们几乎异口同声："生命古树！"

粗壮的生命古树下，令人生畏的黑暗隐者等待他们多时。"亦寒，把知奇和洛凡的秘钥都拿过来！"黑暗隐者很平静的吩咐，让大家都很愕然。知奇和洛凡条件反射地牵着手，躲开亦寒。亦寒面露难色，他的双眼噙满泪水，他一直期待自己的E博士爸爸集齐钥匙，打造更美好的地球，但此刻他又无法面对两个爸爸的直面对决。"黑暗隐者，其实人类是地球生命演化的过客，自有他的进化历史和进程。"D叔边说边把亦寒藏在身后，他不想自己的孩子为难。"D叔，你何必麻痹自己。我们都明白，是什么生物在肆意破坏地球，是什么生物在浪费资源。就是我们人类，人类终会毁灭地球，我做的就是拯救万万千千动植物的家园。你把秘钥都交出来，看，看我这里。我们合起来，十二把秘钥能

故事 12 钥匙图腾，旅程终点亦是起点

量能够重启生命进化历程。再给生命一次机会，让它把人类灭绝在进化史上！"黑暗隐者越说越激昂，说到最后，他黑袍褪去，露出了苍白的脸庞，而这脸上挂满了泪珠。

"年轻人，不要这样偏执！我们都在努力，下一代孩子们也在努力，我们人类是可以找到与自然和谐相处的方式。"D咕教授太想解开黑暗隐者的死结。

"够了！啰里啰唆，别怪我不客气了。"黑暗隐者忽然眼露凶光，他向亦寒体内的芯片输入了强烈的指示信息。"快到E爸爸这里来！""去抢回属于我们自己的秘钥！"这些信息一股脑儿地奔向了亦寒体内。可怜的小亦寒发了疯似的挣脱了D叔，他向亲爱的弟弟和妹妹扑过去。知奇和洛凡哭喊着："哥哥，亦寒哥哥。"挣扎中，小白蛇从亦寒口袋里跌落，它从休眠状态重启。

D叔捧起小白蛇，小白蛇感应到小主人的失常，它耗尽了最后微弱的能量，连通了亦寒体内的芯片。过往的影像开始在空气中播放：五次探险之旅的困难、欢乐；龙城生活中爸爸妈妈的关爱，弟弟妹妹的陪伴；丢失两年，和E爸爸的相依为命。这些片段，让黑暗隐者内心也受了冲击，他想打断芯片信息的读取，但小白蛇一直在守护，他没有得逞。紧接着，芯片回顾了造成亦寒丢失的始作俑者就是黑暗隐者。知道真相的亦寒，石化在原地。黑暗隐者羞愧不已，他将芯片从亦寒体内撤出。亦寒哭着问："E爸爸，告诉我这不是真的。都是意外，是你救了我，陪伴我，教导我，然后送我回家。""对不起，小亦寒！对不起……"黑暗隐者竟然瘫坐在地，不能自已的哭泣起来。

"我们不是为了拯救地球，我们所做的一切都是拯救我们自己！人类如果不爱护地球，人类就没办法生存和迭代。而我们人类最动人的是，无论时空如何变幻，爱一直都在。包括你和亦寒之间，无论如何，我还是感谢你照顾和爱护亦寒两年。"D叔走上前对黑暗隐者推心置腹地说。

知奇和洛凡也抱紧亦寒，知奇流着泪说："哥哥，你受苦了。以后我们好好一起成长，有好吃的都你先吃！"D叔招手，让亦寒前来。伊静搂着亦寒，来到黑暗隐者身前。黑暗隐者始终无法面对亦寒，他把自己收集的秘钥交到亦寒手上，再次黑袍加身，消失得无影无踪。

D叔让亦寒收好秘钥，他嘱咐三个孩子："你们保护好各自的秘钥，做好龙城的守护战士！"

D咕教授欣慰地点点头，自己终于可以好好休息一下了，龙城终于迎来了安宁。未来的重担，交给了智慧与力量并存的下一代！

D叔漫时光

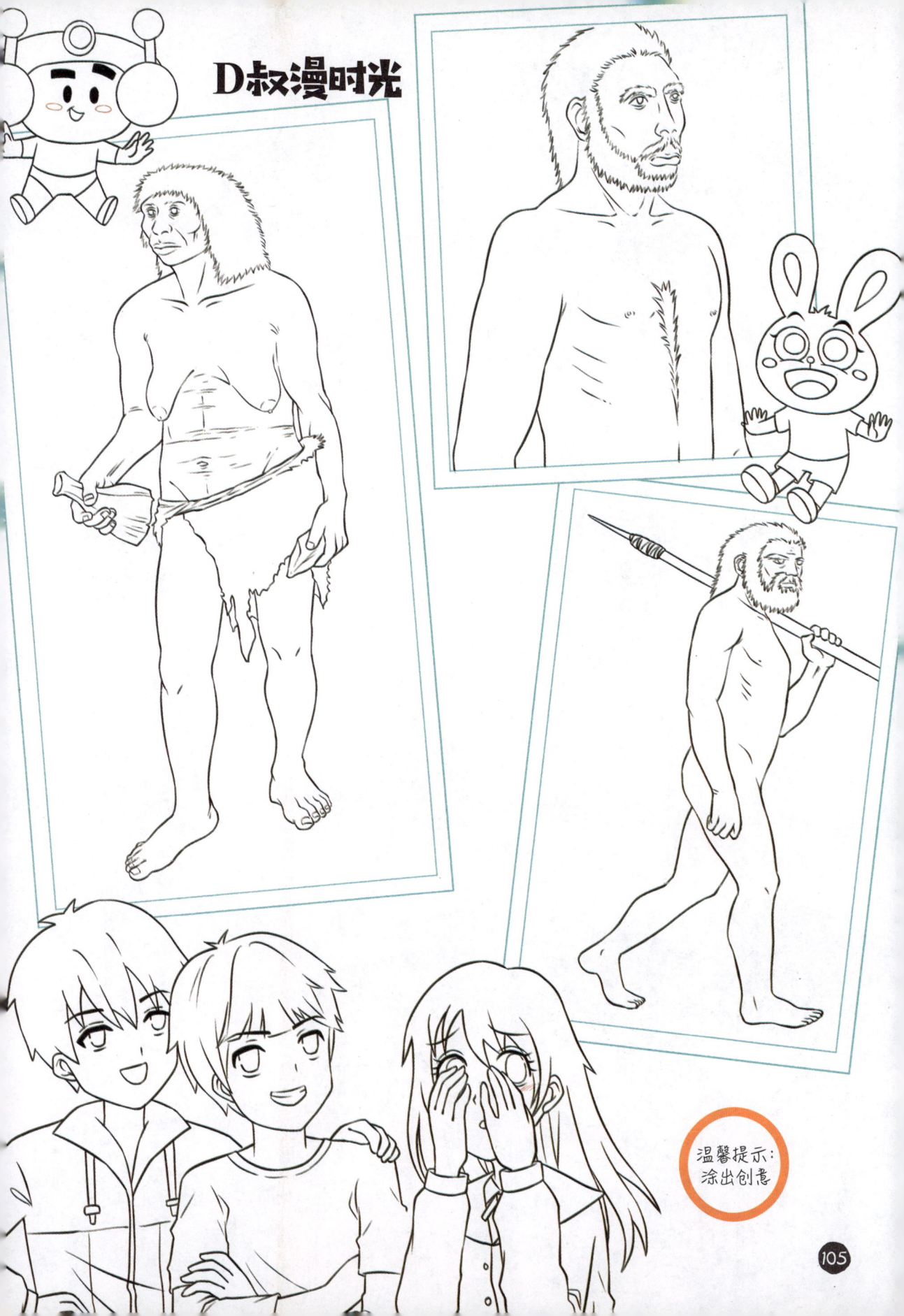

温馨提示：
涂出创意

D书墨香

温馨提示：扫码听故事

106

我的探索迷宫·人类演化图

温馨提示：
填一填，你认识的古动物名称

107

我的探索迷宫·人类演化图

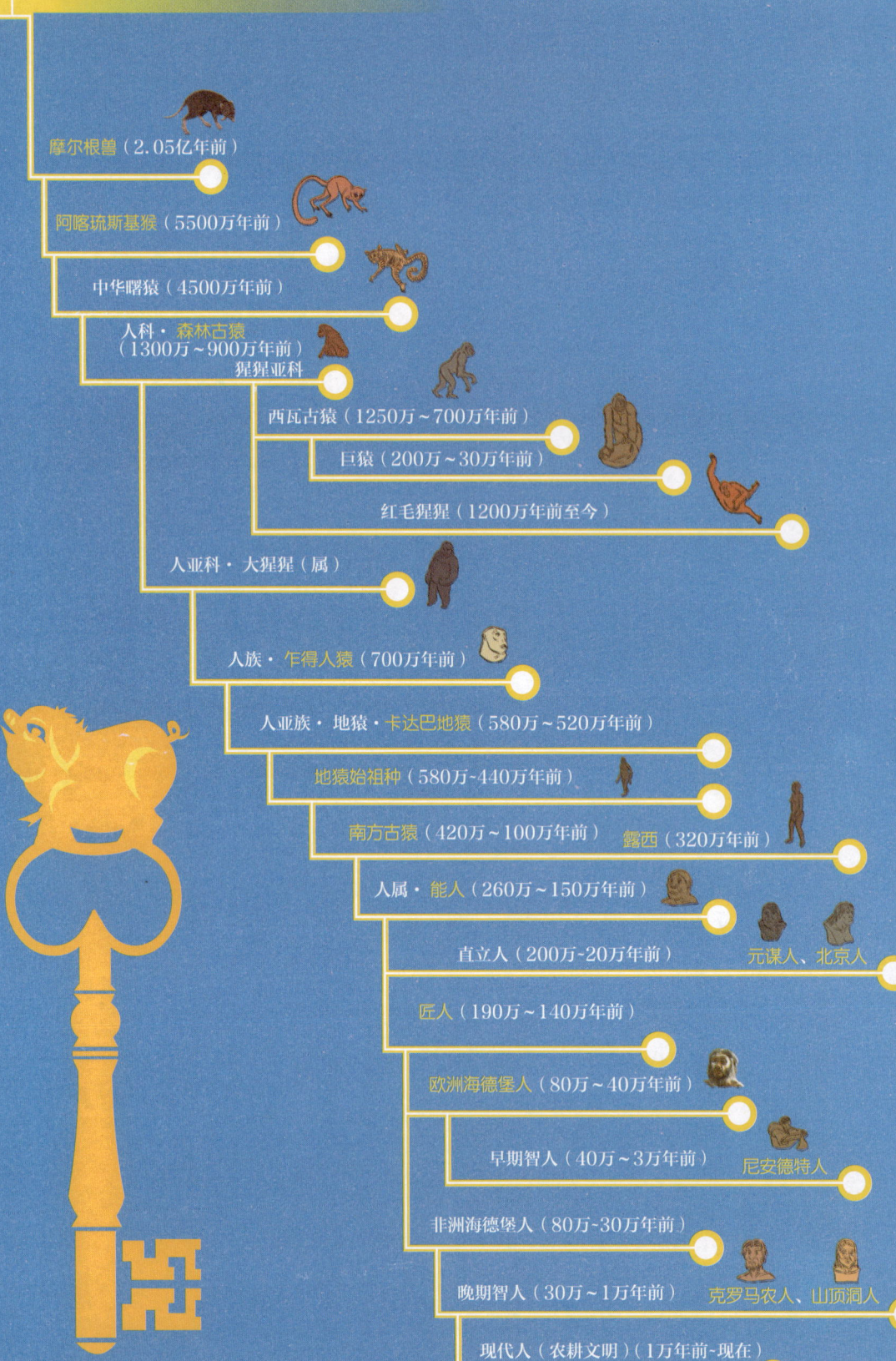

- 摩尔根兽（2.05亿年前）
- 阿喀琉斯基猴（5500万年前）
- 中华曙猿（4500万年前）
- 人科·森林古猿（1300万～900万年前）
- 猩猩亚科
- 西瓦古猿（1250万～700万年前）
- 巨猿（200万～30万年前）
- 红毛猩猩（1200万年前至今）
- 人亚科·大猩猩（属）
- 人族·乍得人猿（700万年前）
- 人亚族·地猿·卡达巴地猿（580万～520万年前）
- 地猿始祖种（580万-440万年前）
- 南方古猿（420万～100万年前） 露西（320万年前）
- 人属·能人（260万～150万年前）
- 直立人（200万-20万年前） 元谋人、北京人
- 匠人（190万～140万年前）
- 欧洲海德堡人（80万～40万年前）
- 早期智人（40万～3万年前） 尼安德特人
- 非洲海德堡人（80万-30万年前）
- 晚期智人（30万～1万年前） 克罗马农人、山顶洞人
- 现代人（农耕文明）（1万年前-现在）

时间线·人类
生肖猪金钥匙

后记

生命是一部奇书，《解密物种起源少年科普丛书》是一部讲述地球生命进化科学的有趣的书，带领爱科学的孩子们成长为"科学之星"。

《解密物种起源少年科普丛书》是一部纯粹的原创地学科普文学作品。它的创意灵感来自全国首席科学传播专家王章俊先生和中国地质大学（北京）副教授、"恐龙猎人"邢立达先生。两位先生先后加入了这部作品的创作团队，王章俊先生担任这部作品创作团队的领衔作者，邢立达先生担任这部作品的形象大使。"D叔"就是以对科学探索执着而又可爱十足的邢立达先生为人物原型设计的。

为了做一部真正属于孩子们自己的科学故事书，创作团队成员寻找一切机会零距离接触孩子们，走进校园举办"宇宙与生命进化"科普讲座，走进社区举办"科学小达人"讲故事大赛和"绘科学"美术大赛，走进中国科技馆举办"我们从哪里来"科普展览，等等一系列活动。就在这样的亲密接触中，《解密物种起源少年科普丛书》开始开花结果。

孩子们、父母们，阅读了这部作品后，有没有被生动有趣的探险故事、流畅手绘的动漫图画深深吸引呢？有没有对D叔一家的探秘之旅充满好奇呢？有没有为故事里主人公的命运紧张担心呢？在这样的体验过程中，深奥生涩的科学知识有没有融入你的脑海、深入你的内心呢？如果有，那就是科学故事的魔力哦。

《解密物种起源少年科普丛书》集严谨的科学知识、有趣的文学故事和动漫风格的彩色图画于一体，展现了科学的温度、宽度、深度。在创作手法上"用故事讲科学"，新技术应用上随时"扫一扫"，产品服务上有"锦绣科学"虚拟社区服务平台。其整体系统的精心设计，体现了创意团队的独具匠心，科学作者的严肃认真，文学作家的妙笔生花。

这部作品自创作到出版，数易其稿，反复修改，历时5年之久，书中文字和图画精心撰写与绘制，包含了每一位参与创意与创作成员的无数心血和努力。更为贴心的是，科学作者、全国首席科学传播专家王章俊先生，将他亲自设计的"地球生命的起源和演化"长卷、"生命进化历程图谱"随书赠送给孩子们，帮助孩子们对生命演化有一个更全面、立体的了解。

该选题自立项以来，已获中国作家协会重点作品扶持资金、北京市科学技术委员会科普专项资助、北京市提升出版业国际传播力奖励扶持专项资金、北京市科学技术协会科普创作出版资金的资助。试水之作《D叔一家的探秘之旅·鱼儿去哪》更是获得多项科普大奖。

同时，这部作品有幸获得国内知名科学家、著名出版人、儿童文学作家的充分肯定，以及教育工作者等社会各界人士的高度评价。他们有中国科学院院士刘嘉麒、欧阳自远，国务院参事张洪涛，中国科学院古脊椎动物与古人类研究所研究员朱敏，著名出版人、作家海飞，中国图书评论杂志社社长、总编辑杨平，全国优秀教师、北京市德育特级教师万平，《中国教育报》编审柯进，果壳网副总裁孙承华，知名金牌阅读推广人李岩等。"大真探D书"标识由著名书法家、篆刻家雨石先生亲笔题写。

在此，对以上人士的热心支持和帮助致以最诚挚的感谢！

鉴于本书用全新的讲故事方式传播科学知识，不足之处在所难免，敬请广大读者批评指正。

望孩子们喜欢它，爱上科学。

锦绣科学文创团队
2019年12月

功能导读 生命进化历程图谱

《鱼类称霸》

- 寒武纪 5.41亿~4.88亿年前
- 奥陶纪 4.88亿~4.44亿年前
- 志留纪 4.44亿~4.16亿年前
- 泥盆纪 4.16亿~3.59亿年前

《四足时代》

- 石炭纪 3.59亿~2.99亿年前
- 二叠纪 2.99亿~2.51亿年前

《龙鸟王国》　　《人类天下》

三叠纪	侏罗纪	白垩纪	古近纪	新近纪	第四纪
2.51亿~2.00亿年前	2.00亿~1.45亿年前	1.45亿~6500万年前	6500万~2303万年前	2303万~259万年前	259万年前~现在

小镇见闻

很开心参与了这项活动,让我们一家人了解了许多地质、科学、动物的知识。
—— 科学小·达人秀

生命之树

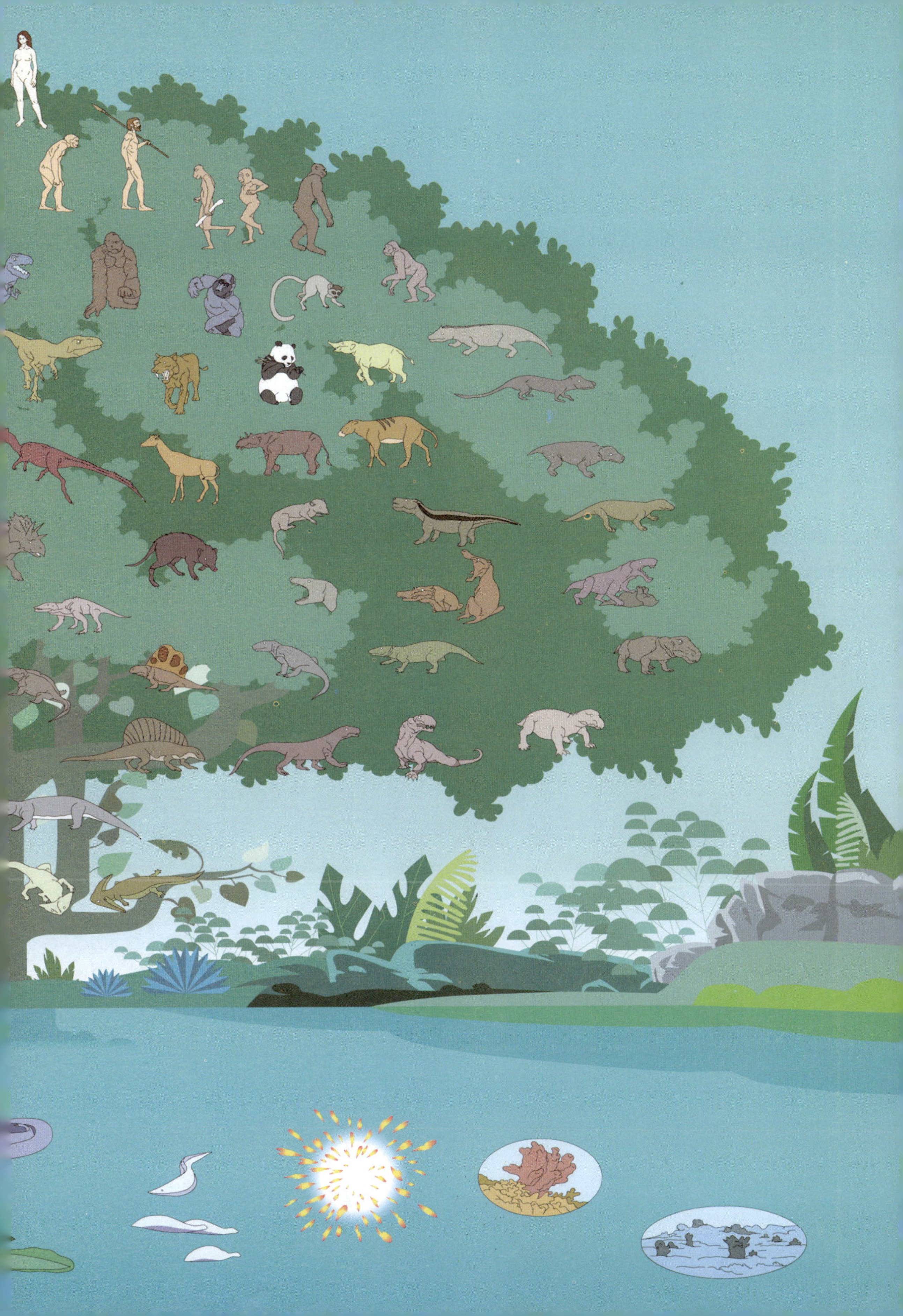

晚更新世

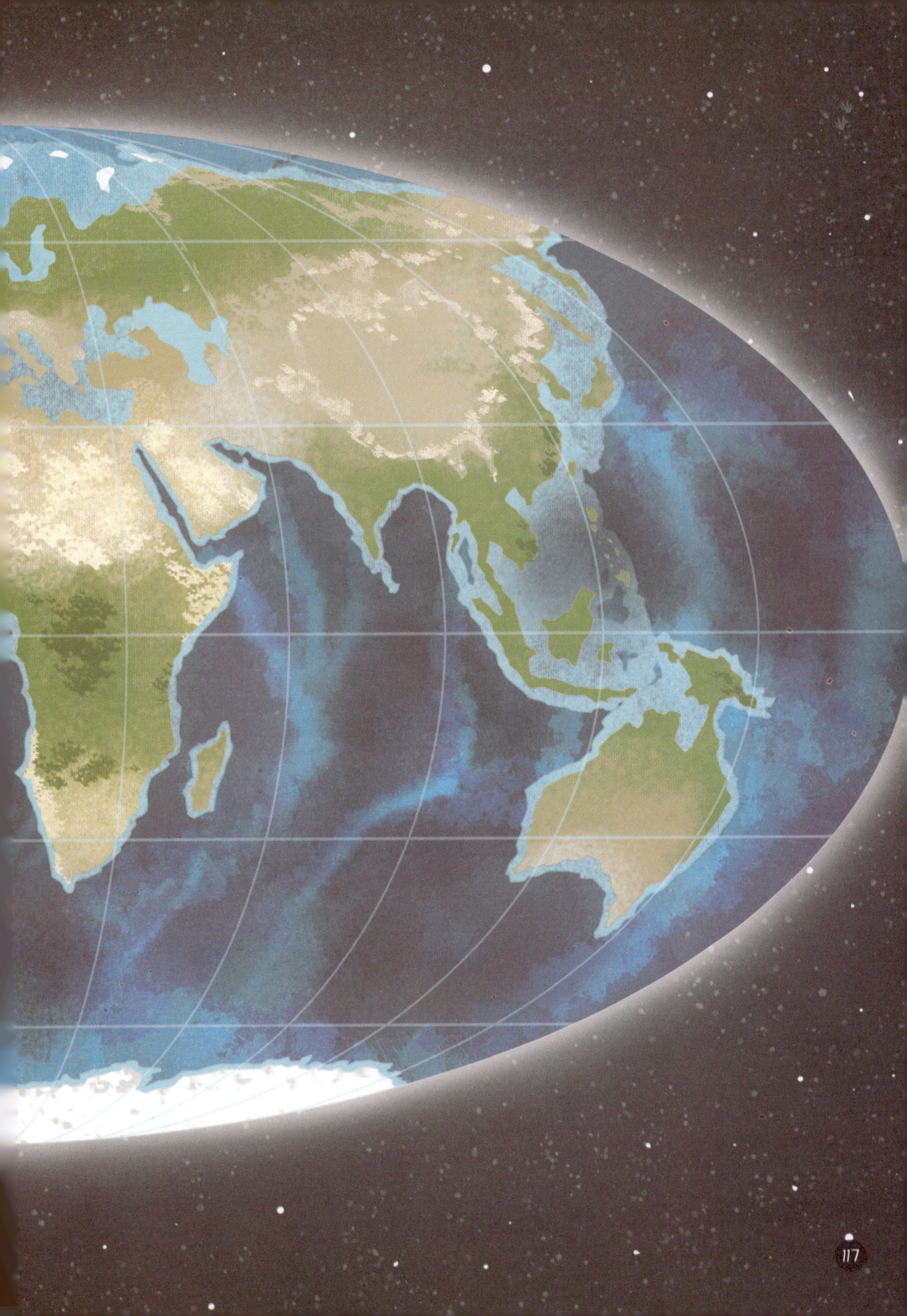

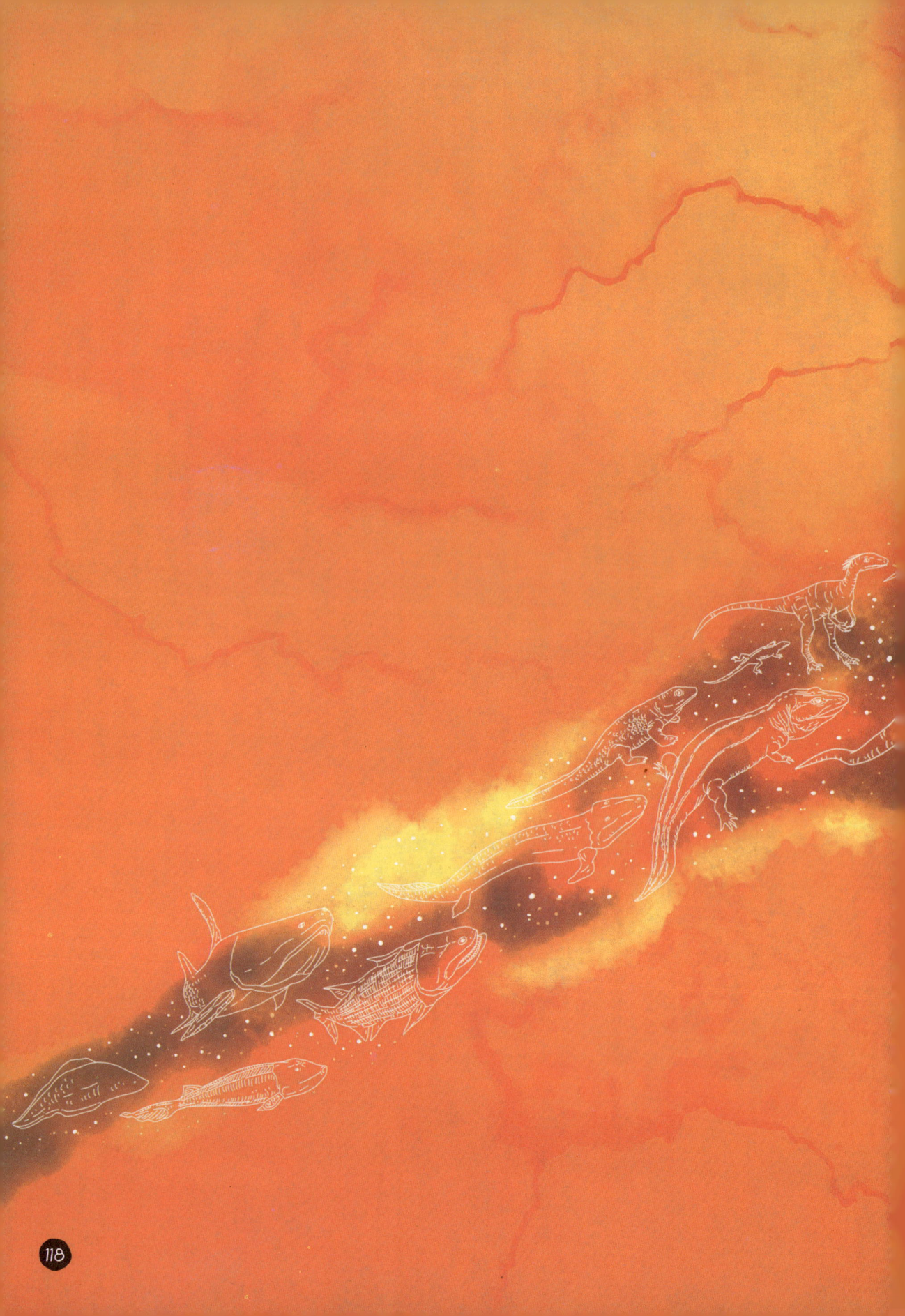

走进锦绣科学小镇
与D叔一家共同见证地球生命的进化
探索远古生命奥秘
守护地球家园
这本《解密物种起源少年科普丛书·人类天下》的小伙伴是
_____